绿色建造施工技术与管理

李英军　杨兆鹏　夏道伟◎著

吉林科学技术出版社

图书在版编目（CIP）数据

绿色建造施工技术与管理 / 李英军，杨兆鹏，夏道伟著. -- 长春 : 吉林科学技术出版社，2022.4
ISBN 978-7-5578-9543-3

Ⅰ. ①绿… Ⅱ. ①李… ②杨… ③夏… Ⅲ. ①生态建筑一施工管理 Ⅳ. ①TU18

中国版本图书馆 CIP 数据核字(2022)第 123653 号

绿色建造施工技术与管理

著　　李英军　杨兆鹏　夏道伟
出 版 人　宛　霞
责任编辑　杨雪梅
封面设计　金熙腾达
制　　版　金熙腾达
幅面尺寸　185mm×260mm
开　　本　16
字　　数　272 千字
印　　张　12
印　　数　1-1500 册
版　　次　2022年4月第1版
印　　次　2022年4月第1次印刷

出　　版　吉林科学技术出版社
发　　行　吉林科学技术出版社
地　　址　长春市南关区福祉大路5788号出版大厦A座
邮　　编　130118
发行部电话/传真　0431-81629529　81629530　81629531
81629532　81629533　81629534
储运部电话　0431-86059116
编辑部电话　0431-81629510
印　　刷　廊坊市印艺阁数字科技有限公司

书　　号　ISBN 978-7-5578-9543-3
定　　价　48.00 元

前言

近年来，随着城市建设规模的不断扩大以及科技发展和人们生活水平的提高，建筑能耗也越来越大。较高的建筑能耗直接威胁着人们的生存环境。因此，人们越来越关注如何转变高能耗建筑局面的问题。绿色建筑就是在这样的背景下诞生并迅速发展的。它具有高效节能、自然和谐的特点，与环境、气候、自然能源与资源等要素紧密结合，在有效满足各种使用功能的同时，可创造出健康舒适的生活和工作空间。当前，绿色建筑已成为全球建筑业发展的主流。

建筑在本质上是人类从事各种活动的主要场所，建筑业的发展是现代经济社会发展的重要推动力量，它对拉动经济发展、促进社会进步起到了关键作用。近年来，随着建筑业技术水平与管理能力的不断提升，掀起了中国建筑工程的建设热潮，但是，建筑能耗高、能效低下的粗放型发展模式并未彻底改变，我国建筑行业的弊端逐渐凸显，绿色建筑理念成为建筑业发展的必然趋势，对我国建筑工程管理有着重要的改革作用。发展绿色建筑，建设资源节约型和环境友好型社会，走可持续发展的道路体现了人民意愿和国家意志，也是人类社会的发展方向。离开建筑的绿色化本质来谈论建筑的时代已经成为过去。以绿色化生态文明为标志的绿色建筑时代正向我们走来。传统的建筑设计理念必将被绿色建筑设计理念取代。

随着我国经济的迅速发展，人们对绿色、节能、环保的日益关注，绿色建筑的发展也越来越快。本书主要从绿色建筑施工理念出发，比较详细具体地阐述了绿色施工技术与管理，分别从科学规划、设计、施工技术与管理、运营管理几个方面对绿色建筑理念下的建筑工程做了具体分析，撰写过程中既注意将绿色建筑理念贯穿全书，又注重绿色建筑理论与实践应用的结合，可在一定程度上促进建筑施工与工程管理的发展。它是集科学性、时代性、学术性、可读性、实用性于一体的书。

本书在撰写过程中，参阅了相关的文献资料，在此谨向作者表示衷心的感谢。由于编者水平有限，书中内容难免存在不妥、疏漏之处，敬请广大读者批评指正，以便进一步修订和完善。

目　录

第一章　绿色施工基础

绿色施工（Green Construction）是我国经济可持续发展理念在建筑施工领域的基本体现，也是国际上奉行的可持续建造与我国工程实践结合的可行模式。近年来，随着环保理念逐渐深入人心，社会公众的环保意识不断增强，也在一定程度上促进了绿色建筑的发展。发展绿色建筑能够节约资源，减少污染，为社会公众创造一个相对健康的生存环境及空间。

第一节　绿色施工的发展背景

一、国际背景

20世纪90年代初，查尔斯（Charles J. Kibert）教授提出了可持续施工（Sustainable Construction）的概念，强调在建筑“全寿命周期”中力求最大限度实现不可再生资源的有效利用，减少污染物排放和降低对人类健康的负面影响，阐述了可持续施工在保护环境和节约资源方面的巨大潜能。随着可持续施工理念的成熟，许多国家开始实施可持续施工或绿色施工，促进了绿色施工的发展与推广。

在发达国家，绿色施工的理念已经融入建筑行业各个部门与机构，同时引起了最高领导层和消费者的关注。国际标准委员会首次发起为新建与现有商业建筑编写《国际绿色施工标准》，该标准已被广泛参考和使用。在绿色施工评价方面，许多发达国家基于建筑“全寿命周期”思想开发了自己的建筑环境影响评价体系，影响力较大的有英国的《建筑研究组织环境评价法》、美国的《能源及环境设计先导计划》、日本的《建筑物综合环境性能评价体系》等。这些评价标准都是以建筑的“全寿命周期”为对象，即包括从原材料采掘、建材生产、建筑构配件加工、建筑与安装工程、建筑运行与维护和拆除等的整个周期，所提到的“Construction”的实质是“建造”，涵盖了施工图设计与施工，与我国所说的“施工”外延不同。因而这些标准对施工阶段环境影响评价的取向不完全符合我国工程建设的实际特点，针对施工的内容比较粗略。我国倡导的绿色施工评价体系在国际上还未有同等标准，在内容上也比上述国际标准更为具体，体现了中国工程建设行业的特点。

二、国内背景

当前人们已越来越清楚，对全球社会威胁最大的不是经济危机，而是气候、环境，是可持续发展。中国建筑业已是中国社会和全球社会可持续发展的决定性因素之一：中国建筑业规模占全球的50%左右，消耗建筑用钢材、水泥约占全球的50%，消耗木材占到全球每年树木砍伐量的49%；中国建筑业也是能耗最大的行业，超过全社会的40%；同时又是污染大户，建材生产和建造过程产生大量污染和碳排放。

我国对绿色施工的关注源于对绿色建筑的探索与推广。随着人们对绿色建筑和生态型住宅小区的渴望和追求，我国在绿色建筑领域出台了相应的政策和标准。21世纪初，原中华人民共和国建设部编制了《绿色生态住宅小区建设要点与技术导则》，提出以科技为先导，推进住宅生态环境建设及提高住宅产业化水平；以住宅小区为载体，全面提高住宅小区节能、节水、节地水平，控制总体治污，带动绿色产业发展，实现社会、经济、环境效益统一。伴随建筑节能和绿色建筑的推广，在施工行业推行绿色化也开始受到关注。基于这样的背景，绿色施工在我国被提出并持续进行推进。

三、绿色施工的现状及问题

（一）绿色施工的现状

一是材料替代。将高资源消耗、高能耗材料替换为更为绿色的工程材料和施工材料。二是加强循环利用。模板、施工用水，通过更多循环次数使用，减少施工资源消耗。三是用新施工技术、施工工具代替老技术、老工艺。减少工程材料损耗与浪费，如钢筋接头。四是资源利用。如收集雨水用于某些施工环节用水。

（二）绿色施工的问题

以上方法都是用较传统的方法在做绿色施工，某些方法成本较高，一次性投入较大，项目上应用积极性不够高，往往只存在于示范工程，难以推广。

绿色建筑很大的一个关键点未予以重视，即通过信息化技术改善整个施工建造过程，通过信息技术实现类似于制造业的精细化施工，从而减少更多的资源、能源消耗，减少排放，这样的策略可以获得比传统方法更高的效率。

第二节 绿色施工的理论和内容

一、绿色施工的概念

绿色施工是指：在保证质量、安全等基本要求的前提下，通过科学管理和技术进步，最大限度地节约资源，减少对环境的负面影响，实现节能、节材、节水、节地和环境保护（“四节一环保”）的建筑工程施工活动。

与传统施工管理相比，绿色施工除注重工程的质量、进度、成本、安全等之外，更加强调减少施工活动对环境的负面影响，即施工过程中尽量节约能源资源和保护环境。工程施工活动的目的不单是完成工程建设，而更加注重经济发展与环境保护的和谐、人与自然的和谐，充分体现可持续发展的基本理念。因此，在施工活动的过程中，参与各方应始终将如何实现“四节一环保”作为施工组织和管理的主线，从材料的选用、机械设备选取、施工工艺、施工现场管理等各个方面入手，在成本、工期等合理的浮动范围内，尽量采用更为节约、更为环保的施工方案。

从总体上来说，绿色施工是对国内当前倡导的文明施工、节约型工地等活动的继承与发展，在绿色施工的概念中管理和技术处于同等重要的地位。

二、绿色施工的主要内容

《绿色施工导则》中明确指出：绿色施工由施工管理、环境保护、节材与材料资源利用、节水与水资源利用、节能与能源利用、节地与施工用地保护六个方面组成。各部分主要内容如下：①施工管理：包括组织管理、规划管理、实施管理、评价管理、人员安全与健康管理。②环境保护：包括噪声振动控制、光污染控制、扬尘控制、水污染控制、土壤保护、建筑垃圾控制、地下设施文物保护和资源保护。③节材与材料资源利用：包括装饰装修材料、周转材料、围护材料、结构材料利用、节材措施。④节水与水资源利用：包括提高用水效率、非传统水源利用、用水安全。⑤节能与能源利用：包括节能措施，机械设备与机具、生产生活及办公临时设施、施工用电及照明利用。⑥节地与施工用地保护：包括临时用地指标、临时用地保护、施工总平面布置。

第三节 建筑施工过程中的环境影响

建筑工程施工是一项复杂的系统工程，施工过程中所投入的材料、制品、机械设备、施工工具等数量巨大，且施工过程受工程项目所在地区气候、环境、文化等外界因素影响。因此，施工过程对环境造成的负面影响呈现多样化、复杂化的特点。为便于施工过程的绿色管理，以普遍性施工过程为分析对象，从建筑工程施工的分部分项工程出发，以绿色施工所提出的“四节一环保”为基本标准，通过对各分部分项工程的施工方法、施工工艺、施工机械设备、建筑材料等方面的分析，对施工中的“非绿色”因素进行识别，并提出改进和控制环境负面影响的针对性措施，为施工组织与管理提供参考，为绿色施工标准化管理方法的制定提供依据。

一、地基与基础工程

地基与基础工程是单位工程的重要组成部分，对一般性工程，地基与基础工程主要包括地基处理、基坑支护、土方工程、基础工程等几部分。地基处理是天然地基的承载能力不满足要求或天然地基的压缩模量较小时，进行地基加固方法。基坑支护指在基坑开挖过程中采取的防止基坑边坡塌方的措施，一般有土钉支护、各类混凝土桩支护、钢板桩支护、喷锚支护等。土方工程，一般包括土体的开挖、压实、回填等。基础工程指各类基础的施工，对于一般性（除逆做法）的基础工程主要包括桩基础和其他混凝土基础两大类。桩基础又可根据施工方法分为挖孔桩、钻孔桩、静压桩、沉管灌注桩等。根据地基与基础工程所含工程特点、施工方法、施工机具等不同，总结了一般性工程的地基与基础工程部分非绿色因素及其治理方法；为便于绿色施工组织与管理参考，将各工程对环境影响按照“四节一环保”的分类进行整理，分为地基处理与土方工程的环境影响识别及分析结果，基坑支护工程的环境影响识别及分析结果。

（一）地基处理与土方工程——环境保护

1. 非绿色因素分析

①未对施工现场地下情况进行勘查，施工造成地下设施、文物、生态环境破坏；②未对施工车辆及机械进行检验，机械尾气及噪声超限；③现场发生扬尘；④施工车辆造成现场污染；⑤洒水降尘时用水过多导致污水污染或泥泞；⑥爆破施工、硬（冻）土开挖、压实等噪声污染；⑦作业时间安排不合理，噪声和强光对附近居民生活造成声光污染。

2. 绿色施工技术和管理措施

①对施工影响范围内的文物古木等制订施工预案；②对施工车辆及机械进行尾气排放和噪声的专项审查，确保施工车辆和机械达到环保要求；③施工现场进行洒水、配备遮盖设施，减少扬尘；④施工现场出入口处设置冲洗设备，保证车辆不沾泥，不污损道路；⑤降尘时少洒、勤洒，避免洒水过多导致污染，对施工车辆及其他机械进行定期检查、保养，以减少磨损、降低噪声，避免机器漏油等污染事故的发生；⑥设置隔声布围挡，施工过程采取技术措施减少噪声污染；⑦施工时避开夜间、中高考等敏感时段。

（二）地基处理与土方工程——节水与水资源利用

1. 非绿色因素分析

①未对现场进行降水施工组织方案设计；②未对现场能再次利用的水进行回用而直接排放；③未对现场产生的水进行处理而直接排放，达不到相关环保标准。

2. 绿色施工技术和管理措施

①施工前应做降水专项施工组织方案设计，并对作业人员进行专项交底，交代施工的非绿色因素并采取相应的绿色施工措施；②降水产生的水优先考虑进行利用，如现场设置集水池、沉淀池设施，并设置在混凝土搅拌区、生活区、出入口区等用水较多的位置，产生的再生水可用于拌制混凝土、养护、绿化、车辆清洗、卫生间冲洗等；③可再生利用的水体要经过净化处理（如沉淀、过滤等）并达到排放标准后方可排放，现场不能处理的水应进行汇集并交具有相应资质的单位处理。

（三）地基处理与土方工程——节材与材料资源利用

1. 非绿色因素分析

①未对施工现场产生的渣土、建筑拆除废弃物进行利用；②未对渣土、建筑垃圾等再生材料作为回填材料使用。

2. 绿色施工技术和管理措施

①土方回填宜优先考虑施工时产生的渣土、建筑拆除废弃物进行利用，如基础施工开挖产生的土体应作为基础完成后回填使用；②对现场产生建筑拆除废弃物进行测试后能达到要求的土体应优先考虑进行利用，或者是进行处理后加以利用，如与原生材料按照一定比例混合后使用；③对现场产生的建筑拆除废弃物，在不能完全消化的情况下，应妥善将材料转运至专门场地存储备用，避免直接抛弃处理。

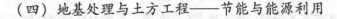

（四）地基处理与土方工程——节能与能源利用

1. 非绿色因素分析

①未能依据施工现场作业强度和作业条件及施工机具的功率和工况负荷情况而选用不恰当的施工机械；②施工机械搭配不合理，施工现场规划不严密，进而造成机械长时间空载等现象；③土方的开挖和回填施工计划不合理，造成大量土方二次搬运。

2. 绿色施工技术和管理措施

①施工前应对工程实际情况进行施工机械的选择和论证，依据施工现场作业强度和作业条件，考虑施工机具的功率和工况负荷情况，确定施工机械的种类、型号及数量，力求所选用施工机具都在经济能效内；②制订合理紧凑的施工进度计划，提高施工效率，根据施工进度计划确定施工机械设备的进场时间、顺序，确保施工机械较高的使用效率；③建立施工机械的高效节能作业制度；④施工机械搭配选择合理，避免长时间的空载，施工现场应根据运距等因素，确定运输时间，结合机械设备功率确定挖土机搭配运土机数量，保证各种机械协调工作，运作流畅；⑤规划土方开挖和土方回填的工程量与取弃地点，须回填用部分的土体应尽量就近堆放，以减少运土工程量。

（五）地基处理与土方工程——节地与施工用地保护

1. 非绿色因素分析

①施工过程造成了对原有场地地形地貌的破坏，甚至对设施、文物的损毁；②土方施工过程机械运行路线未能与后期施工路线、永久道路进行结合，造成道路重复建设；③因土方堆场未做好土方转运后的场地利用计划；④因土方开挖造成堆放和运输占用了大量土地。

2. 绿色施工技术和管理措施

①施工前应对施工影响范围内的地下设施、管道进行充分的调查，制订保护方案，并在施工过程中进行即时动态监测；②对施工现场地下的文物应当会同当地文物保护部门制订文物保护方案，采取保护性发掘或者采取临时保留以备将来开发；③对土方施工过程机械运行路线、后期施工路线、永久道路宜优先进行结合共线，以避免重复建设和占用土地；④做好场地开挖回填土体的周转利用计划，提高施工现场场地的利用率，在条件允许的情况下，宜分段开挖、分段回填，以便回填后的场地作为后序开挖土体的堆场；⑤回填土在施工现场采取就近堆放原则，以减少对土地的占用量。

（六）基坑支护工程——环境保护

1．非绿色因素分析

①打桩过程产生的噪声及振动；②支撑体系拆除过程产生噪声及振动；③支撑体系拆除过程产生扬尘；④支撑体系安装拆除时间未能避开居民休息时间；⑤钢支撑体系安装拆除产生噪声及光污染；⑥基础施工（如打桩等）产生噪声及振动和现场污染；⑦基础及维护结构施工过程产生泥浆污染施工现场；⑧使用空压机作业进行泥浆置换产生空压机噪声；⑨边坡防护措施不当造成现场污染；⑩施工用乙炔、氧气、油料等材料保管和使用不当造成污染；⑪施工过程废弃的土工布、木块等随意丢弃；⑫施工现场焚烧土工布及水泥、钢构件包装等。

2．绿色施工技术和管理措施

①优先采用静压桩，避免采用振动、锤击桩；②支撑体系优先采用膨胀材料拆除，避免采用爆破法和风镐作业；③支撑体系拆除时采取浇水、遮挡措施避免扬尘；④施工时避开夜间、中高考等敏感时间；⑤钢支撑体系安装、拆除过程采取围挡等措施，防止噪声和电弧光影响附近居民生活；⑥打桩等大噪声施工阶段应及时向附近居民做出解释说明，及时处理投诉和抱怨；⑦泥浆优先采用场外制备，现场应建立泥浆池、沉淀池，对泥浆集中收集和处理；⑧应用空压机泵传送泥浆进行作业，空压机应封闭，防止噪声过大；⑨边坡防护应采用低噪声、低能耗的混凝土喷射机以及环保性能好的薄膜作为覆盖物；⑩施工时配备的乙炔、氧气、油料等材料在指定地点存放和保管，并采取防火防爆、防热措施；⑪施工过程废弃的土工布、木块等及时清理收集，交给相应部门处理，严禁现场焚烧。

（七）基坑支护工程——节水与水资源利用

1．非绿色因素分析

①制备泥浆时未对降水产生的水体进行再利用而直接排放；②未对现场产生的水进行处理而直接排放，达不到相关环保标准。

2．绿色施工技术和管理措施

①制备泥浆时，优先采用降水过程中的水体，如现场设置集水池、沉淀池设施并设置在混凝土搅拌区、生活区、出入口区等用水较多的位置，产生的再生水可用于拌制混凝土、养护、绿化、车辆清洗、卫生间冲洗等；②再生利用的水体要经过净化处理（如沉淀、过滤等）并达到排放标准要求后方可排放，现场不能处理的水应进行汇集并交具有相应资质的单位处理。

（八）基坑支护工程——节材与材料资源利用

1．非绿色因素分析

①未对可以利用的泥浆通过沉淀过滤等简单处理进行再利用；②钢支撑结构现场加工；③大体量钢支撑体系未采用预应力结构；④施工时专门为格构柱设置基础；⑤混凝土支撑体系选用低强度大体积混凝土；⑥混凝土支撑体系拆除后作为建筑垃圾抛弃；⑦钢板桩或钢管桩在使用前后未进行修整、涂油保养等；⑧未对 SMW 工法进行支护施工的型钢进行回收。

2．绿色施工技术和管理措施

①对泥浆要求不高的施工项目，将使用过的泥浆进行沉淀过滤等简单处理进行再利用；②钢支撑结构宜在工厂预制后现场拼装；③为减少材料用量，大体量钢支撑体系宜采用预应力结构；④为避免再次设置基础，格构柱基础宜利用工程桩；⑤混凝土支撑体系宜采用高强度混凝土；⑥混凝土支撑体系在拆除后可粉碎，作为回填材料再利用；⑦钢板桩或钢管桩在使用前后分别进行修整、涂油保养，提高材料的使用次数；⑧SMW 工法进行支护施工时，在型钢插入前对其表面涂隔离剂，以利于施工后拔出型钢进行再利用。

（九）基坑支护工程——节能与能源利用

1．非绿色因素分析

①施工机械作业不连续；②由于人机数量不匹配、施工作业面受限等问题导致施工机械长时间空载运行；③施工机械的负荷、工况与现场情况不符。

2．绿色施工技术和管理措施

①施工机械搭配选择合理，避免长时间的空载，如打桩机械到位前要求钢板桩、吊车提前或同时到场；②施工机械合理匹配，人员到位，分部施工，防止误工和窝工；③钻机、静压桩机等施工机械合理选用，确保现场工作强度、工况、构件尺寸等在相应的施工机械负荷和工况内。

（十）基坑支护工程——节地与施工用地保护

1．非绿色因素分析

①泥浆浸入土壤造成土体的性能下降或破坏；②未能合理布置机械进场顺序和运行路线，造成施工现场道路重复建设；③施工材料及机具远离塔吊作业范围，造成二次搬运；④未对施工材料按照进出场先后顺序和使用时间堆放，场地不能周转利用。

2. 绿色施工技术和管理措施

①对一定深度范围内的土壤进行勘探和鉴别，做好施工现场土壤的保护、利用和改良工作；②合理布置施工机械进场顺序和运行路线，避免施工现场道路重复建设；③施工材料及机具靠近塔吊作业范围，且靠近施工道路，以减少二次搬运；④钢支撑、混凝土支撑制作加工材料按照施工进度计划分批安排进场，便于施工场地周转利用。

二、结构工程

结构工程即指建筑主体结构部分，对于一般性建筑工程，主体结构工程主要包括：钢筋混凝土工程、钢结构工程、砌筑工程、脚手架工程等。主体结构工程是建筑工程施工中最重要的分部工程。在我国现行的绿色施工评价体系中，主体结构工程所占的评分权重是最高的。

（一）钢筋混凝土工程

钢筋混凝土工程是建筑工程中最为普遍的施工分项工程。一般情况下，钢筋混凝土工程主要包括模板工程、钢筋工程、混凝土工程等。按照钢筋的作用，钢筋混凝土工程又可分为普通钢筋混凝土工程和预应力钢筋混凝土工程。钢筋混凝土工程的环境影响因素识别和分析按照上述分类进行。

1. 模板工程——环境保护

（1）非绿色因素分析

①现场模板加工产生噪声；②模板支设、拆除产生噪声；③异型结构模板未采用专用模板，对环境影响大；④木模板浸润造成水体及土壤污染；⑤涂刷脱模剂时洒漏，污染附近水体以及土壤；⑥模板施工造成光污染；⑦模板内部清理不当造成扬尘及污水；⑧脱模剂、油漆等保管不当造成污染及火灾。

（2）绿色施工技术和管理措施

①优先采用工厂化模板，避免现场加工模板，采用木模板施工时，对电锯、刨床等进行围挡，在封闭空间内施工；②模板支设、拆除规范操作，施工时避开夜间、中高考等敏感时段；③异型结构施工时优先采用成品模板；④木模板浸润在硬化场地进行，污水进行集中收集和处理；⑤在堆放点地面硬化区域集中进行脱模剂涂刷；⑥夜间施工采用定向集中照明，并注意减少噪声；⑦清理模板内部时，尽量采用吸尘器，不应采用吹风或水冲方式；⑧模板工程所使用的脱模剂、油漆等放置在隔离、通风、远离人群处，且有明显禁火标志，并设置消防器材。

2. 模板工程——节材与材料资源利用

（1）非绿色因素分析

①模板类型多，周转次数少；②模板随用随配，缺乏总使用量和周转使用计划；③模板保存不当，造成损耗；④模板加工下料产生边角料多，材料利用率低；⑤因施工不当造成火灾事故；⑥拆模后随意丢弃模板到地面，造成模板损坏，未做可重复利用处理；⑦模板使用前后未进行检验维护，导致使用状况差，可周转次数低。

（2）绿色施工技术和管理措施

①优先选择组合钢模板、大模板等周转次数多的模板类型，模板选型应优先考虑模数、通用性、可周转性；②依据施工方案，结合施工区段、施工工期、流水段等明确需要配置模板的层数和数量；③模板堆放场地应硬化、平整、无积水，配备防雨、防雪材料模板，堆放下部设置垫木；④进行下料方案专项设计和优化后进行模板加工下料，充分再利用边角料；⑤模板堆放场地及周边不得进行明火切割焊接作业，并配备可靠的消防用具，以防火灾发生；⑥拆模后严禁抛掷模板，防止碰撞损坏，并及时清理和维护使用后的模板，延长模板的周转次数，减少损耗；⑦设立模板扣件等日常保管定期维护制度，提高模板周转次数。

3. 模板工程——节水与水资源利用

（1）非绿色因素分析

①在水资源缺乏地区选用木模板进行施工；②木模板浸润用水过多造成浪费；③木模板浇水后未及时使用，造成重复浇水。

（2）绿色施工技术和管理措施

①在缺水地区施工，优先采用木模板以外的模板类型，减少对水的消耗；②木模板浸润用水强度合理，防止用水过多造成浪费；③对木模板使用进行周密规划，防止重复浸润。

（二）钢结构工程

1. 钢结构工程——环境保护

（1）非绿色因素分析

①构件采用现场加工；②构件装卸过程产生噪声污染；③构件除锈造成粉尘及噪声污染；④构件焊接、机械连接过程中造成光污染和空气污染；⑤构件夜间施工造成光污染及噪声污染；⑥探伤仪等辐射机械使用保管不当，对人员造成伤害。

（2）绿色施工技术和管理措施

①构件采用工厂加工，集中配送，现场安装；②构件装卸避免野蛮作业，尽量采用吊

车装卸，以减少噪声；③现场除锈优先采用调直机，避免采用抛丸机等引起粉尘、噪声的机械；④构件焊接、机械连接应集中进行，采取遮光、降噪措施，在封闭空间内施工；⑤构件施工时避开夜间、中高考等敏感时段；⑥对探伤仪等辐射机械建立严格的使用和保管制度，避免辐射对人员造成伤害。

2．钢结构工程——节材与材料资源利用

（1）非绿色因素分析

①下料不合理，材料的利用率低；②钢结构材料及构件由于保管不当造成锈蚀、变形等；③边角料及余料未得到有效利用；④施工过程焊条损耗大，利用率低；⑤构件现场拼装时误差过大；⑥构件在加工及矫正过程中造成损伤；⑦外界环境施工不规范因素造成涂装、防锈作业质量达不到要求。

（2）绿色施工技术和管理措施

①编制配料单，根据配料单进行下料优化，最大限度减少余料产生；②材料及构件堆放优先使用库房或工棚，堆放地面进行硬化，做好支垫，避免造成腐蚀、变形；③设立相应的再利用制度，如规定最小规格，对短料进行分类收集和处理；④设立焊条领取和使用制度，规定废弃的焊条头长度，提高焊条利用率；⑤构件在工厂进行预拼装，防止运抵现场后再发现质量问题，避免运回工厂返修；⑥钢结构构件优先采用工厂预制、现场拼装方式，设立构件加工奖惩制度，减少构件损耗率，加热矫正后不能立即进行水冷，以防造成损伤；⑦涂装作业严格遵照施工对温度、湿度的要求进行。

3．钢结构工程——节能与能源利用

（1）非绿色因素分析

①未就近采购材料和机具设备；②现场施工机械，经济运行负荷与现场施工强度不符；③人、机、料搭配不合理，导致施工机械空载；④焊条烘焙时操作不规范，导致重复烘焙现象；⑤使用电弧切割及气割作业；⑥构件采用加热纠正。

（2）绿色施工技术和管理措施

①近距离材料和机具设备可以满足施工要求条件下，应优先采购；②选择功率合理的施工机械，如根据施工方法、材料类型、施工强度等确定焊机种类及功率；③施工计划周密，人、机、料及时到场，避免造成机械长时间空载；④焊条烘焙应符合规定温度和时间，开关烘箱动作应迅速，避免热量流失；⑤在施工条件允许情况下，优先采用机械切割方式进行作业；⑥构件纠正优先采用机械方式，构件纠正避免采用加热矫正。

（三）砌筑工程

1. 砌筑工程——环境保护

（1）非绿色因素分析

①砂浆采用现场制备，造成扬尘污染；②材料运输过程造成材料撒漏及路面污染；③现场砂浆及石灰膏保管不当造成污染；④施工用毛石、料石等材料放射性超标；⑤灰浆槽使用后未及时清理干净，后期清理产生扬尘；⑥冬期施工时采用原材料蓄热等施工方法。

（2）绿色施工技术和管理措施

①优先选用预制商品砂浆，采用现场制备时，水泥采用封闭存放形式，沙子、石子进入现场后堆放在三面围成的材料池内，现场储备防雨雪、大风的覆盖设施；②运输车辆采取防遗撒措施，车辆进行车身及轮胎冲洗，避免造成材料撒漏及路面污染；③石灰膏优先采用成品，运输及存储尽量采用封闭、覆盖措施以防止撒漏扬尘；④对毛石、料石进行放射性检测，确保进场石材符合环保和放射性要求；⑤灰浆槽使用完后及时清理干净，以防后期清理产生扬尘；⑥冬期施工，应优先采用外加剂方法，避免采用外部加热等施工方法。

2. 砌筑工程——节水与水资源利用

（1）非绿色因素分析

①施工用砂浆随用随制零散进行，缺乏规划；②现场砌块的洒水浸润作业与施工作业不协调，造成重复洒水；③输水管道渗漏；④在现场有再生水源的情况下，未进行利用。

（2）绿色施工技术和管理措施

①优先选用预制商品砂浆；②依据使用时间，按时洒水浸润，严禁大水漫灌，并避免重复作业；③输水管线采用节水型阀门，定期检验维修输水管线，保证其状态良好；④制备砂浆用水、砌体浸润用水、基层清理用水，优先采用再生水、雨水、河水和施工降水等。

（四）脚手架工程

1. 脚手架工程——环境保护

（1）非绿色因素分析

①脚手架装卸、搭设、拆除过程产生噪声污染；②脚手架因清扫造成扬尘；③维护用油漆、稀料等材料保管不当造成污染；④对损坏的脚手网管理无序，影响现场环境。

（2）绿色施工技术和管理措施

①脚手架采用吊装机械进行装卸，避免单个构件人工搬运，脚手架装卸、搭设、拆除

过程严禁随意摔打和击敲；②不得从架子上直接抛掷或清扫物品，而应将垃圾清扫装袋运下；③脚手架维护用的油漆、稀料应在仓库内存放，确保空气流通，防火设施完备，派专人看管；④及时修补损坏的脚手网，并对损耗的材料及时收集和处理。

2. 脚手架工程——节材与材料资源利用

（1）非绿色因素分析

①落地式脚手架应用在高层施工，造成材料用量大，周转利用率低；②施工用脚手架用料缺乏设计，存在长管截短使用现象；③施工用脚手架未涂防锈漆；④施工用脚手架未做好保养工作，破损和生锈现象严重；⑤损坏的脚手架未进行分类，直接报废处理。

（2）绿色施工技术和管理措施

①高层结构施工采用悬挑脚手架，提高材料周转利用率；②搭设前脚手架合理配置，长短搭配，避免将长管截短使用；③钢管脚手架应除锈，刷防锈漆；④及时维修清理拆下后的脚手架，及时补喷涂刷，保持脚手架的较好状态；⑤设立脚手架再利用制度，如规定长度大于 50 cm 的进行再利用。

3. 脚手架工程——节地与施工用地保护

（1）非绿色因素分析

①脚手架一次运至施工现场，占用场地多；②脚手架堆放无序，场地利用率低；③堆放场地闲置，未进行利用。

（2）绿色施工技术和管理措施

①结合施工组织计划将脚手架分批进场，提高场地利用率；②脚手架堆放有序，提高场地的利用效率；③做好场地周转利用规划，如脚手架施工结束后可用于装饰工程材料堆场或者基础工程材料堆场。

三、装饰装修与机电安装工程

装饰装修工程主要包括地面工程、墙面抹灰工程、墙体饰面工程、幕墙工程、吊顶工程等；机电安装工程主要包括电梯工程、智能设备安装、给排水工程、供热空调工程、建筑电气、通风工程等。

（一）建筑装饰装修工程——环境保护

1. 非绿色因素分析

①装饰材料放射性、甲醛含量指标，达不到环保要求；②淋灰作业、砂浆制备、水磨石面层、水刷石面层施工造成污染；③自行熬制底板蜡时，由于加热造成空气污染；④幕墙等饰面材料大量采用现场加工；⑤剔凿、打磨、射钉时产生噪声及扬尘污染；⑥饰面工

程在墙面干燥后进行斩毛、拉毛等作业；⑦由于化学材料泄漏及火灾造成污染。

2. 绿色施工技术和管理措施

①装饰用材料进场检查其合格证、放射性指标、甲醛含量等，确保其满足环保要求；②淋灰作业、砂浆制备、水磨石面层、水刷石面层施工，注意污水的处理，避免污染；③煤油、底板蜡等均为易燃品，应做好防火、防污染措施，优先采用内燃式加热炉施工设备，避免采用敞开式加热炉；④幕墙等饰面材料采用工厂加工、现场拼装的施工方式，现场只做深加工和修整工作；⑤优先选择低噪声、高能效的施工机械，确保施工机械状态良好，打磨地面面层可关闭门窗施工；⑥斩假石、拉毛等饰面工程，应在面层尚湿润的情况下施工，避免发生扬尘；⑦做好化学材料污染事故的应急预防预案，配备防火器材，具有通风措施，防止煤气中毒。

（二）建筑装饰装修工程——节水与水资源利用

1. 非绿色因素分析

①现场淋灰作业，存在输水管线渗漏；②淋灰、水磨石、水刷石等施工未采用再生水源；③面层养护采用直接浇水方式；④其余同混凝土工程施工及砌筑工程砂浆施工部分。

2. 绿色施工技术和管理措施

①淋灰作业用输水管线应严格定期检查、定期维护；②淋灰、水磨石、水刷石等施工优先采用现场再生水、雨水、河水等非市政水源；③面层养护采用草栅覆盖洒水养护，避免直接浇水养护；④其余同混凝土工程施工及砌筑工程砂浆施工。

（三）建筑装饰装修工程——节材与材料资源利用

1. 非绿色因素分析

①装饰材料由于保管不当造成损耗；②抹灰过程因质量问题导致返工；③砂浆、腻子膏等制备过多，未在初凝前使用完毕；④饰面抹灰中的分隔条未进行回收和再利用；⑤裱糊工程施工时，下料尺寸不准确造成搭接困难、材料浪费。

2. 绿色施工技术和管理措施

①装饰材料采取覆盖、室内保存等措施，防止材料损耗；②施工前进行试抹灰，防止由于砂浆黏结性不满足要求造成砂浆撒落；③砂浆、腻子膏等材料做好使用规划，避免制备过多，在初凝前不能使用完，造成浪费；④饰面抹灰分隔条优先采用塑料材质，避免使用木质材料，分隔条使用完毕后及时清理、收集，以备利用；⑤裱糊工程施工确保下料尺寸准确，按基层实际尺寸计算，每边增加 2～3cm 作为裁纸量，避免造成材料浪费。

第四节　绿色建筑的特点

绿色建筑并不是一种新的建筑形式，是与自然和谐共生的建筑。绿色建筑建立在充分认识自然、尊重并顺应自然的基础上，离开了对自然的尊重，建筑便不能称为绿色建筑。绿色建筑不仅需要处理好人与建筑的关系，还要正确处理好建筑与生态环境的关系。这里的生态环境既包括建筑周围的区域小环境，也包括全球大环境。

绿色建筑不仅要遵循一般的社会伦理、规范，更应考虑人类必须承担的生态义务与责任。绿色建筑不同于一般建筑，建筑师和建筑的使用者都应深刻意识到地球上的资源是有限的，而不是取之不尽，用之不竭的；自然环境的生态承载力是有限的，自然生态体系是脆弱的；人不是自然的主宰，而是受自然庇护的生灵。建筑作为人工构造物，应利用并有节制地改造自然，并保护自然生态的和谐，以寻求人类的可持续发展。

一、绿色建筑的原则

（一）建设方针——适用、经济、美观

早在2000多年前，古罗马建筑师维特鲁威就提出建筑要符合“坚固、适用、美观”的原则，这被后来的建筑师奉为建筑学上的“六字箴言”。

新中国成立之初大规模经济建设时期，我国提出了“适用、经济、在可能条件下注意美观”的建设方针。当代建筑的概念已经得到延伸，内涵更加丰富，但仍然离不开“适用、经济、美观”这一标准，绿色建筑的基本内涵与此是相符的。目前，我国建筑市场还存在非理性和有悖于科学发展观的各种倾向，片面追求“新、奇、特”，不把建筑的使用功能、内在品质、节能环保及经济实用性作为建筑追求的目标，而把“新、奇、特”的“视觉冲击”作为片面追求的目标。这种牺牲功能的做法将造成施工难度大、无谓消耗材料和能源、建筑造价大幅上升、维修成本加大等问题，这与绿色建筑的精神背道而驰。

（二）因地制宜

因地制宜是绿色建筑的灵魂，是指根据各地的具体情况制定适宜的办法。建筑很大程度上受制于它所处的环境，通常建筑是采用方便取用的资源，营造出适应当地气候特点的空间，因此，绿色建筑具有很强的地域性特点。绿色建筑强调的是人、自然与环境之间的和谐关系，而每个国家在这些方面都有其特点，不同国家之间存在气候、资源、文化、风

俗等方面的差异，因此，绿色建筑在全球并没有统一的模式。

首先是建筑材料的选择。古代的建造者没有像现代这样先进的机械和运输工具，因此只能是就地取材。如我国浙江余姚河姆渡遗址运用了当地普遍生长的树木，陕西西安半坡遗址则基本以高原黄土作为主要的建筑材料。在古代欧洲，之所以广泛采用石材，除了选材方便外，石材的可塑性强和耐久性也是重要原因。到了现代，为了合理控制建筑造价，建筑材料也多为就地取材，这从我国各地的民居建筑中可以清楚地看到，如陕西民居自然的窑洞、北方民居厚实的砖墙、江浙民居轻巧的木构、福建民居悠深的石廊等。当然，就地取材还可以减少运输过程中人力和物力的耗费，减少材料在运输过程中不可避免的破损和对周围环境的污染。

对建筑产生影响的自然环境，包括地理环境和气候条件等因素，更是绿色建筑应关注的重点。地形地貌涉及建筑的通风、采光、景观、雨水回用、无障碍设计等绿色建筑的要素。在我国北方地区，建造场地南低北高会给建筑组团的自然通风、采光带来便利，但如果高差过大又会给人们步行和无障碍设计造成困难。以我国西南地区的城市重庆为例，城市的选址在长江、嘉陵江等水系的交汇处，便于人们的航道运输和日常生活，但水系边缘没有过多平坦的地方，而且从安全角度考虑，人们也希望居住得高一些，远离洪水的威胁。所以，城市的大量房屋建造在临江的许多山地上，为了减少建设成本，同时也是为了保护自然的山水环境，建筑的选址只能是根据现有的地貌情况来决定，由此形成了山城独特的城市轮廓线，特别是从江中的船上远眺城市的夜景，让人终生难忘。

在我国，由于气候条件的差异，南方和北方的建筑形式有很大不同，如每个城市都拥有的商业街的建筑就有非常明显的区别。在南方的商业建筑中，一般在主要商业入口处都有一个由柱廊形成的半公共空间，因为上面还有建筑，所以人们形象地称为骑楼。这个骑楼的功能可不少，一是可以变相扩大商业营业面积，二是可以聚拢商业特需的人气，但最主要的功能是遮阳、避雨、挡风，改善室内自然通风的环境，顾客进出时也可有一个慢慢适应的过渡空间。而在北方，阳光在寒冷的冬日中是人们所渴求的，南向的出入口一般直接连通室外，北向的出入口则为了抵御寒风和保持室内的温度多增加一个门斗。所以，自然环境的气候条件常会使建筑的造型随着必要的功能而发生变化，形成了带有明显地方特色的建筑形象。

建筑室外环境中的绿化是绿色建筑的基本内容，在选择绿化植物时更是应该关注乡土植物，优先选择当地常见的树种，因为这样做不仅可以节约成本，而且本地的树种适应当地的气候条件，会大大提高成活率，减少日常维护费用，保证绿化的实现。另外，气候条件的适应往往造成了植物的独特性，在一定程度上，可以代表一个地方的绿色建筑特色。

（三）建筑全寿命周期

建筑全寿命周期主要强调建筑对环境的影响在时间上的意义。所谓全寿命周期指的是产品“从摇篮到坟墓”的整个生命历程。建筑的寿命通常涵盖从项目选址、规划、设计、施工到运营的过程。考虑到建筑对环境的影响并不局限于建筑物存在的时间段里，绿色建筑全寿命周期的概念还应在上述的基础上往前、往后延伸，往前从建筑材料的开采到运输、生产过程，往后到建筑拆除后垃圾的自然降解或资源的回收再利用。这个周期的拉长意味着在原材料的开采过程中，就要考虑它对环境的影响；考虑到运输能耗，应尽量选用当地材料，这样会减少运输过程中的能耗和物耗；当然在材料生产过程中也涉及能耗的问题，需要改进和淘汰耗能大的生产工艺。另外，在建筑的建造过程中，应考虑建筑寿命终结时拆除的垃圾处理问题，应选用可再利用、可再循环的建材：如果垃圾在短期内可以自然降解，则它对环境的影响就小；如果它长时期不可降解，则会污染环境。因此，全寿命周期的概念在建筑的前期建造过程中就应得到充分重视。如果从全寿命周期角度计算建筑成本，那么“初始投资最低的建筑并不是成本最低的建筑”。为了提高建筑的性能可能要增加初始投资，如果采用全寿命周期模式核算，将可能在有限增加初期成本的条件下大大节约长期运行费用，进而使全寿命周期总成本下降，并取得明显的环境效益。按现有的经验，增加初期成本5%～10%用于新技术、新产品的开发利用，将节约长期运行成本50%～60%。这一种新模式的出现，将带来建筑设计、开发模式革命性的变化。

如果为了降低造价、获得最大利润或者减少投资，采取降低材料设备性能的办法，其结果是运行效率低，运行和维护费用高。对办公楼而言，如果电梯、中央空调等运行能耗过高，甚至经常出现维修、停运事故，那么写字楼的出租率就会大受影响，建筑的整体经济效能就会降低。对住宅而言，当我们购买下房屋后，可能一辈子都得生活在其中，不仅得在入住时支付买房的钱，还要在日常生活中支付水费、电费、燃气费等。如果我们购买了节能的绿色住宅，每个月须交的水费、电费和燃气费以及物业费都会减少。

（四）节约资源、保护环境和减少污染

绿色建筑强调最大限度地节约资源、保护环境和减少污染。国家建设部门提出了“四节一环保”的要求，即根据中国的国情着重强调节地、节能、节水、节材和保护环境，其中资源的节约和资源的循环利用是关键。“少费多用”做好了必然有助于保护环境、减少污染。

在建筑中体现资源节约与综合利用，减轻环境负荷，可以从以下几方面入手：①通过优良的设计和管理，采用合适的技术、材料和产品，减少对资源的占有和消耗。②提高建

筑自身资源的使用效率，合理利用和优化资源配置，减少建筑中资源的使用量。③因地制宜，最大限度地利用本地材料与资源，减少运输过程对资源的消耗，促进本地经济和社会的可持续发展。④通过资源的循环利用，减少污染物的排放，最大限度地提高资源、能源和原材料的利用效率。⑤延长建筑物的整体使用寿命，增强其适应性。

（五）健康、适用和高效的使用空间

绿色建筑当然要满足建筑的功能需求。健康的要求是最基本的，绿色建筑强调适用、适度消费的概念，绝不能奢侈与浪费，当然节约不能以牺牲人的健康为代价。保证人的健康是对绿色建筑的基本要求。绿色建筑应合理考虑使用者的需求，努力创造优美和谐的环境，提高建筑室内舒适度，改善室内环境质量，保障使用的安全，降低环境污染，满足人们生理和心理的需求，同时为人们提高工作效率创造条件。

高效使用资源需要加大绿色建筑的科技含量，比如智能建筑，我们可以通过采用智能的手段使建筑在系统、功能、使用上提高效率。

（六）与自然和谐共生

发展绿色建筑的最终目的是要实现人、建筑与自然的协调统一。“绿色”是自然、生态、生命与活力的象征，代表了人类与自然和谐共处、协调发展的文化，贴切而直观地表达了可持续发展的概念与内涵。

绿色建筑可以从我国古代的自然价值观中获得启发，人们应趋于追求自然美、朴素美，“朴素而天下莫能与之争美”“天地有大美而不言”，自然美才是真正的美，自然界的景观具有使人情感愉悦和精神超脱的作用，能满足人们的物质和精神方面的需求。

东方哲学指出，一个人和他居住的房子、这栋房子所处的城市都是地球的一分子，而任何一处的不协调都会导致整体的不和谐。全球变暖、气候异常的现实已经让人们意识到，个人的抉择和行动以及其所处建筑环境对全球环境有着巨大的影响。人类的决策和行为会影响自然的和谐，最终会影响到人类的存续。人们必须对建筑行为负责，通过尊重、认识和适应自然，把人类的建筑行为置于自然的生生不息的有机体中，与自然和谐共生，来谋求人类、建筑与自然的和谐。

绿色建筑是建立在人、建筑与自然相互联系和互相依存的原则基础上的，建筑是一种对人类生存、生活方式的实际响应，同时也是一种对土地、自然和它的生态圈以及社会相互联系的观点的强烈精神响应。最原始的建筑就已体现了这样一种特征：与气候相适应的形式、当地资源的有效使用、小的独立建筑凝结成组团，以及为方便家族、社团人们交往而规划的室外空间。建筑不被看作孤立的个体，而是与周围环境相互关联、相互依存。建

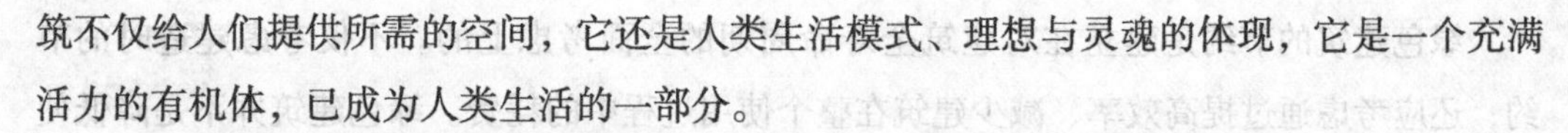

筑不仅给人们提供所需的空间，它还是人类生活模式、理想与灵魂的体现，它是一个充满活力的有机体，已成为人类生活的一部分。

二、绿色建筑的误区

（一）自然资源的使用

随着地球资源的日益短缺和环境的日益恶化，绿色建筑越来越受到人们的重视，但人们常对绿色建筑存在一些片面的认识，容易将“绿色建筑”与“绿色食品”中的“绿色”混淆，认为“绿色建筑”就是采用天然材料建成的建筑，这是完全错误的。在对待自然资源的态度上，绿色建筑强调应从三个方面来考虑对自然资源的使用：一是尽可能减少使用自然资源；二是提高资源的使用效率（使用可回收、可循环使用的资源）；三是尽量使用可再生资源。

（二）绿化好就是绿色建筑

有人误以为景观绿化好的建筑就是绿色建筑，这也是片面的。绿色建筑确实要营造出适合人与自然和谐共处的生态环境，但绿色建筑更应注重建筑所在地域的自然生态、气候、资源，尽量选择耗费少、维护成本低、适应性强、绿化效果好的绿化景观。如在选择绿化植物时，应种植适应性强的乡土植物，以及易维护、耐候性好、病虫害少的植物。

认识到绿色建筑的内涵，就可以避免一些盲目的炒作行为。有些所谓绿色建筑恰恰违背或曲解了可持续发展的理念，如有人认为绿色建筑就是追求高绿地率，还有人觉得应该以人为本，大家都喜欢水景，多做一些水景就是绿色建筑。这些理解都是片面的。绿地率过高、容积率太低虽然有助于营造好的室外环境，但违背了节地的原则；而在缺水地区，使用自来水营造大片人工水景的做法，也是有悖于绿色建筑的可持续理念的。节能、节地、节水、节材、保护环境和满足人的需求这六项要求之间有一个平衡的关系，比如耗费很多资源去满足节能的要求、去营造过高水准的人工环境，从全寿命周期综合成本的角度来看很可能并不合适。

（三）简单、简陋的建筑

也有人以为绿色建筑就是简单、简陋的建筑，这也是片面的。绿色建筑首先要营造出健康、适用、高效的建筑空间，以满足人们对建筑功能的需求。比如窑洞是原始的绿色建筑，但窑洞具有通风不好、室内空气品质差的缺陷，需要采取措施加强通风，改善窑洞内部的空气品质。

绿色建筑的节约是建立在对建筑全寿命周期的全面考虑上的。不仅考虑建造时的节约，还应考虑通过提高效率、减少建筑在整个使用过程中的耗费。绿色建筑并不是降低使用需求，而是要提高使用效率，适应人们对建筑功能不断增长的要求。

（四）传统建筑与绿色建筑的比较

传统建筑与绿色建筑的比较见表1-1。

表1-1 传统建筑与绿色建筑的比较

比较因素	传统建筑	绿色建筑
对自然生态的态度	以人为中心，人凌驾于自然之上，改造自然	天人合一，人与自然存在依存关系，人类应尊重、适应自然
对资源的态度	很少或没有考虑资源利用的效率问题	在设计阶段就要考虑减少资源的使用量和资源回用问题
设计的基础	根据建筑的功能、性能和造价进行设计	根据建筑的功能、性能和造价控制，同时还要考虑对环境和生态的影响
建造的目的	人的需求是第一位的，服务业主	综合考虑环境、经济和社会效益
施工和运营	很少考虑材料的重复使用	考虑减少废弃物，废弃物的降解、回收和回用

（五）如何对待旧建筑

近年来，我国房地产投资规模高速增长，但同时也存在大量拆除旧建筑的状况，这种“大拆大建”是目前我国建筑市场的独特现象。

在欧洲，住宅平均使用年限在80年以上，其中法国建筑平均寿命达到102年，而在我国，许多建筑使用二三十年甚至更短时间就被拆掉。许多处于正常设计使用年限内的建筑被强行拆除，使建筑使用寿命大大缩短。建筑短命现象造成了巨大资源浪费和环境污染。

造成建筑不到使用年限就被提前拆除的原因是多种多样的，影响建筑寿命的原因主要有以下三方面：

1. 由于城市规划的改变，使得用地性质发生改变

如原来的工业区变更为商业区或居住区，遗留的产业建筑被大规模拆除，致使大批处于合理使用期内的建筑遭遇拆除厄运。因此，旧建筑拆除时，不能仅凭长官意志做出决定，事前应首先对地块内的原有建筑的处置进行充分的论证，不能简单地“一拆了事”。

不到建筑使用寿命的应考虑通过综合改造再利用；达到建筑使用寿命的应通过检测、评估，进行建筑改造或再利用的可行性研究，通过经济、技术、环境与社会效益的综合评估，决定旧建筑的命运。

2. 原有建筑的品质或功能不能适应不断变化的新的要求

如我国20世纪七八十年代兴建的大批住宅，随着居民生活水平的提高，小厅、小厨房、小卫生间的格局已经不能满足人们的需要，因而遭到人们的遗弃。解决之道是：首先要求建筑师在面临新建筑设计时，充分考虑到建筑全寿命周期内的可改造性，适用性能的增强有助于延长建筑的寿命；其次对旧建筑，也要综合考虑改造的可行性，既要考虑技术的可行性，也要考虑经济的可行性。如我国20世纪80年代建的住宅，在主体结构不动的情况下，可以通过单元平面布局的调整来满足新的要求，原一梯三户的住宅改成一梯两户，面积和设备设施得到增加和改善，设计更为舒适和合理，住宅的品质也就有了提升，改造比推倒重建节省得多。

3. 质量的问题

如按照现行标准和规范的要求，旧建筑在抗震、防火、节能等方面存在不合格的问题，或由于设计、施工和使用不当出现质量问题。存在质量问题的建筑，可以进行专项改造或综合改造；对于存在重大安全隐患的建筑，通过改造无法解决，或经济技术评估不可行的情况下，才可以下拆除的结论。即使在拆除的情况下，也应考虑拆除的建筑废弃物的再利用问题。

第二章　绿色建筑的规划与设计

建筑作为城市的重要构成要素，同时也反映出城市的文化和历史。重要的标志性建筑是一个城市的象征，对一个城市的形象有很大影响。所以，在建筑方案设计时不仅要关注建筑物本身，而且应关注其是否与周围环境相协调。城市规划是城市建设的总纲，建筑设计是落实城市规划的重要步骤，建成的建筑物是构成城市的主要物质基础，绿色建筑设计必须在城市规划的指导下进行，才能促进城市经济、社会的和谐健康发展。

发达国家的经验表明，发展绿色建筑必须关注建筑全寿命周期的绿色化，首先就是要从源头抓起，这个源头最重要的就是绿色建筑的规划设计阶段。绿色建筑不同于传统建筑，因而绿色建筑的设计内容和设计原则也与传统建筑的设计内容和设计原则有所不同。

第一节　绿色建筑科学规划的原则

一、科学规划的原则

（一）强调规划的先导作用

为实现绿色建筑在资源节约和环境保护方面的综合效益，不仅需要在建筑设计阶段实现“四节一环保”的具体目标，还需要在详细规划阶段为低碳生态城市策略的实施创造良好的基础条件。单体绿色建筑的节能减排任务和目标分解工作，需要通过规划来总体协调，将原本分散在各板块中的指标建立起统一体系，并向更宏观的尺度延伸，通过与规划指标的对接，和整个城市的可持续发展形成直接的对应关系，以实现绿色建筑与低碳生态城市策略的结合。

（二）强调指标的衔接性

通过对现有典型功能区的指标进行梳理，并分析影响城市碳排放的重要板块，将主要影响因素按照城市规划专项划分为空间规划、交通组织、资源利用和生态环境四类，构建详细规划设计指标体系。该指标体系是低碳生态发展目标在城市规划与建筑设计层面上的体现，兼顾了管理和设计的需要。指标体系对应基本建设程序，在各设计阶段提出要求，实现了规划管理与建筑设计阶段的全覆盖。将指标体系纳入规划意见书、方案审查、施工图审查等管理阶段，能实现对设计全过程的管理控制。

（三）强调指标的地方性

以北京为例，城市功能的高度聚集带来了复杂的交通拥堵、环境污染、城市管理等诸多问题，资源与生态环境压力日益紧迫，城市建设面临严峻的资源瓶颈。能源、水、材料等城市发展核心资源均严重依赖外部支持，其中能源消费63%为煤基能源；水资源严重短缺，仅达到世界人均水平的1/30；生物群落结构简单，草坪占城市绿地总面积的80%。因此，基于低碳生态详细规划的绿色建筑指标体系的制定，围绕可持续发展面临的最主要矛盾，结合了北京的特点和经济实力，体现了鲜明的北京特色。

二、绿色建筑科学规划的内容

所谓绿色化和人性化建筑设计理念，就是按照生态文明和科学发展观的要求，体现可持续发展的精神和设计观念。绿色化要求设计反映出绿色建筑本身的基本要素，人性化则要体现建筑以人为核心的基本要素。人性化设计是指在设计过程中，根据人的行为习惯、人体的生理结构、人的心理情况、人的思维方式等，在原有设计基本功能和性能的基础上，对建筑产品进行优化，让使用者觉得非常方便、舒适。

人性化设计是在建筑物的设计中，对人的心理生理需求和精神追求的尊重和满足，是设计中的人文关怀，也是对人性的一种尊重。人性化设计理念强调的是将人的因素和诉求融入建筑的全寿命周期中，体现人、自然和建筑三者之间高度的和谐统一，如尊重和反映人的生理、心理、精神、卫生、健康、舒适、文化、传统、风俗、信仰和爱好等方面的需求。

由此可见，绿色建筑的设计内容远多于传统建筑的设计内容。绿色建筑的设计是一种全面、全过程、全方位、联系、变化、发展、动态和多元绿色化的设计过程，是一个就总体目标而言，按照轻重缓急和时空上的次序，不断地发现问题、提出问题、分析问题、分解具体问题、找出与具体问题密切相关的影响要素及其相互关系，针对具体问题制定具体的设计目标，围绕总体的和具体的设计目标进行综合的整体构思、创意与设计。根据目前我国绿色建筑发展的实际情况，一般来说，绿色建筑规划的内容主要概括为综合设计、整体设计和创新设计三方面。

（一）绿色建筑的综合设计

所谓绿色建筑的综合设计是指技术经济绿色一体化综合设计，就是以绿色化设计理念为中心，在满足国家现行法律法规和相关标准的前提下，在技术可行和经济实用合理的综合分析的基础之上，结合国家现行有关绿色建筑标准，按照绿色建筑的各方面要求，对建筑所进行的包括空间形态与生态环境、功能与性能、构造与材料、设施与设备、施工与建设、运行与维护等内容在内的一体化综合设计。

在进行绿色建筑的综合设计时，要注意考虑以下方面：①进行绿色建筑设计要考虑到居住环境的气候条件；②进行绿色建筑设计要考虑到应用环保节能材料和高新施工技术；③绿色建筑是追求自然、建筑和人三者之间和谐统一；④以可持续发展为目标，发展绿色建筑。

绿色建筑是随着人类赖以生存的环境，不断濒临失衡的危险现状所寻求的理智战略，它告诫人们必须重建人与自然有机和谐的统一体，实现社会经济与自然生态高水平的协调发展，建立人与自然共生共息、生态与经济共繁荣的持续发展的文明关系。

（二）绿色建筑的整体设计

所谓绿色建筑的整体设计是指全面、动态、人性化的设计，就是在进行建筑综合设计的同时，以人性化设计理念为核心，把建筑当作一个全寿命周期的有机整体来看待，把人与建筑置于整个生态环境中，对建筑进行的包括节地与室外环境、节能与能源利用、节水与水资源利用、节材与绿色材料资源利用、室内环境质量和运营管理等内容在内的人性化整体设计。

整体设计对绿色建筑至关重要，必须考虑当地的气候、经济、文化等多种因素，从六个技术策略入手：①首先要有合理的选址与规划，尽量保护原有的生态系统，减少对周边环境的影响，并且充分考虑自然通风、日照、交通等因素；②要实现资源的高效循环利用，尽量使用再生资源；③尽可能采取太阳能、风能、地热、生物能等自然能源；④尽量减少废水、废气、固体废物的排放，采用生态技术实现废物的无害化和资源化处理，以回收利用；⑤控制室内空气中各种化学污染物质的含量，保证室内通风、日照条件良好；⑥绿色建筑的建筑功能要具备灵活性、适应性和易于维护等特点。

（三）绿色建筑的创新设计

所谓绿色建筑的创新设计是指具体、求实、个性化创新设计，就是在进行综合设计和整体设计的同时，以创新型设计理论为指导，把每一个建筑项目都作为独一无二的生命有机体来对待，因地制宜、因时制宜、实事求是和灵活多样地对具体建筑进行具体分析，并进行个性化创新设计。创新设计是以新思维、新发明和新描述为特征的一种概念化过程，创新是设计的灵魂，没有创新就谈不上真正的设计，创新是建筑设计充满生机与活力，且永不枯竭的动力和源泉。

为了鼓励绿色建筑创新设计，我国设立了“绿色建筑创新奖”，在《全国绿色建筑创新奖实施细则》中规范申报绿色建筑创新奖的项目应在设计、技术和施工及运营管理等方面具有突出的创新性。主要包括以下几方面：①绿色建筑的技术选择和采取的措施具有创新性，有利于解决绿色建筑发展中的热点、难点和关键问题；②绿色建筑不同技术之间有很好的协调和衔接，综合效果和总体技术水平、技术经济指标达到领先水平；③对推动绿色建筑技术进步，引导绿色建筑健康发展具有较强的示范作用和推广应用价值；④建筑艺术与节能、节水、通风设计、生态环境等绿色建筑技术能很好地结合，具有良好的建筑艺术形式，能够推动绿色建筑在艺术形式上的创新发展；⑤具有较好的经济效益、社会效益和环境效益。

第二节　绿色建筑科学规划体系的构成

绿色建筑也称生态建筑、生态化建筑或可持续的建筑。其内容不仅包括建筑本体，也包括建筑内部，特别是包括建筑外部环境生态功能系统及建构社区安全、健康稳定的生态服务与维护功能系统。绿色建筑的体系构成涉及建筑全寿命周期的技术体系集成，绿色建筑有自身的目标、目的和价值标准，以及实践绿色建筑的方式、方法与标准，同时对绿色建筑科学体系的实践与探索是通过多专业、跨学科专家团队交叉合作，以严谨创新的示范与实验工程，不断探索和验证的。

一、科学规划与绿色建筑的关系

绿色建筑的重要目标是最大限度地利用资源，最小限度地破坏环境。在城里人想出城而城外人想进城的当代居住消费欲望的驱动下，对城市系统周边生态功能维护、城市土地利用和城市生态保护与调控都产生了极其不利的影响。因此，科学的规划成为绿色建筑的前提与依据。

科学规划与绿色建筑之间的关系如下：

一是绿色建筑是现代生态城市、节约型城市、循环经济城市建设的重要存在要件，它影响城市生态系统的安全与功能、组织、结构的稳定，对提高城市生态服务能力的变化效率和生态人居系统健康质量起到重要作用。城市生态系统的高效存在与服务功能的稳定性是发展绿色建筑的核心基础，也是绿色建筑设计与建造技术应用的前提条件。因此，绿色建筑与生态规划之间联系密切，互为依存。

二是绿色建筑的发展是需要生态规划作为科学的核心指导原则与保障的前提依据。在城市中绿色建筑不是人类对抗自然力而建造的人居孤岛，绿色建筑是人类寻求与自然亲密和谐、共存共生的乐园。绿色建筑离开生态规划，既失去了自身的环境依据，也失去了参照的系统依据。

三是绿色建筑是生态规划在城市中实施的重要载体。绿色建筑的存在与发展不仅需要绿色建筑技术为条件，绿色环保新材料为方法，还需要应用生态规划作为指导各项规划编制、政策法规完善、编制绿色建筑标准的核心依据，这才能够使绿色建筑推广有保障。

四是科学规划为绿色建筑提供集约化、高效的良好生态环境，包括最佳的风环境、空气质量、日照条件、雨水收集与利用系统、绿地景观与功能系统等；绿色建筑能够参与城市生态安全格局间的维护系统、防护系统，参与城市系统与自然系统之间的交换，实现其呼吸功能；保障绿色建筑受自然系统有效的服务，是绿色建筑健全与完善的前提。因此，生态规划的存在与发展必然是绿色建筑迎来发展机遇的前提条件，生态规划是保障规范与发展绿色建筑的根本。

绿色建筑规划涉及的阶段包括城市规划阶段和场地规划阶段。在城市规划阶段的生态规划为绿色建筑的选址、规模、容量提供依据，并随着城市规划的总体规划、详细规划及城市设计不断深入，具体落实到绿色建筑的场地。绿色建筑的场地规划是在城市规划的指标控制下进行生态设计，是单栋绿色建筑的设计前提。

二、科学的生态规划是绿色建筑的前提

生态规划是规划学科序列的专业类型。称它为科学规划，是因为它涉及对自然的科学判断、对人类行为活动能力的综合作用评价以及人类对自身生存环境的保障与保护自然生态系统安全、稳定的行为作用。它是为提高人类科学管理、规范、控制能力而开展的科学研究与实践应用相结合的跨专业、多学科交叉探索。

生态规划学科理论是建立在建筑学、城市规划理论与方法之上，通过生态学理论和原则为基础条件，并运用规划理论的技术方法，将生态学应用于城市范围和规划学科领域。生态规划是在保障人类社会与自然和谐共生、可持续发展的前提下，确定自然资源存在与人类行为存在关系符合生态系统要求的客观标准的规划。

生态城市规划的主要任务是系统地确定城市性质、规模和空间组织形态，统筹安排城市各项建设用地，科学配置与高效分配城市所需的资源总量，通过各项基础设施的建设达

到高效的城市运行和降低城市运行费用的目标。解决好城市的安全健康，保障符合宜居城市要求的生态系统关系以及生态系统格局的稳定与完整存在，处理好远期发展与近期建设的关系，支持政府科学的政策制定和宏观的调控管理，指导城市合理发展，实现城市的和谐、高效、持续发展。生态规划在现有的城市规划编制体系中落实，最终控制绿色建筑的实施。

（一）总体规划阶段

主要体现在如何保障城市生态安全体系构建。需要将保障城市生态安全的内容落实到土地利用的生态等级控制、生态安全基础上的建设容量与空间分布，并基于水资源、植物生物量及土地使用规模的人口规模控制，对生态规划的生态承载指数控制下的资源使用与土地使用容量进行动态管理、评估与释放。有针对性地在规划中明确要求建立生态保护、生态城市、宜居城市及城乡一体化统筹发展的具体要求。这是在中国规划编制技术体系中，首次将规划目标与落实规划的具体方法紧密结合的规划编制技术体系的创新。同时在该阶段可以确定性质、容量规模，指导绿色建筑的选址，并针对绿色建筑的具体细节内容制定从生态城市到绿色建筑的标准。

（二）控制性详细规划编制

依据生态规划编制成果、指标进行深化编制，实现技术合作的纵向深入。在镇域体系与新城发展的控制规划中，对局部资源分配与管理使用进行具体控制与落实。这主要是利用整合、调节与配置的技术手段，实现保护与发展的最大、最佳及高效的选择与集成，并在此基础上建立明确的节地、节水、节能、节材、产业结构和生态系统完整性的法定管理与科学调控。

（三）从修建性详细规划到城市设计的编制

主要是实现规划编制成果的要求在行为与功能组织上的落实，这其中包括：在大型生态安全框架中斑块、廊道体系的内部结构与内涵的组织与应用，要求建立中型和微型斑块、廊道体系；适宜生长的植物群落、种群特点、景观功能的指导，尤其是生态设施的组织与建设；在人居系统规划设计中强调人的行为控制、人为结果的规范以及空间结构中人与自然交错存在的布局尺度、功能组织与分布效率关系。在此基础上，研究并提出了城市设计的生态模式，进行设计要求与规范。该阶段明确生态技术的系统要求，对节地、节水、节能、节材的技术进行集成。如提出推广屋顶绿化技术的应用要求、节能技术的要求和节水技术的要求等。

三、绿色建筑的科学规划体系

从科学规划到生态景观，再到绿色建筑，是层级递进的关系。科学规划与绿色建筑是控制与保证关系，生态景观与绿色建筑是相互作用关系，相关政策、法规的规范与绿色建筑是保障与管理关系。

绿色建筑的科学体系组织结构包括以下几方面：

（一）相关政策、法规

国家政策专业法规与技术规范、科学行政与社会监督机制、政府专业职能机构管理、政府职能机构审核批准、政府职能机构监管认证、政府职能机构督导监察。

（二）科学规划

编制量化控制与管理的核心指导依据—生态规划体系；编制总体规划、控制性规划、详细规划、城市设计；规划编制条件与科学依据基础标准；科学规划体系控制指标标准；规划指标动态变量的控制与调节；规划指标的使用质量与效率的动态量化评估。

（三）生态景观

建立生态系统服务功能系统、场地生态景观评估、场地生态功能组织设计、场地生态景观设计、调控、管理、评价、维护、使用与规范。

（四）绿色建筑

绿色建筑行业管理规范，绿色建筑标准与评估、选址立项、生态功能设计策略，绿色建筑技术集成，绿色建筑组织与设计，绿色建筑施工组织与管理，绿色建筑使用与管理服务。

四、绿色建筑科学规划体系的构成

（一）绿色建筑的体系构成

绿色建筑的体系构成是基于绿色建筑的科学体系中各个专业之间缺少关联性和理论关系的完整性、统一性而提出的要求。国内外绿色建筑工程实践经验告诉我们，割裂而孤立的各个专业不足以适应涉及多专业多学科、符合自由规律的生态系统要求。所以，绿色建筑科学体系的存在意义更加明显、更加突出。

绿色建筑的主要特征是通过科学的整体设计，集成绿色的配置，做到自然通风、自然采光、低能低维护结构、新能源利用、绿色建材和智能控制等一些高新技术，在选址规划的时候要做到合理、资源能够高效循环利用、节能措施做到综合有效、建筑环境健康安全、废物废气的排放减量，而且将危害降低到最小。从以上可以看出，绿色建筑体系是多专业、跨学科、保证自然系统安全和人类社会可持续发展的交叉学科体系。它不仅包括建筑本体，特别是建筑外部环境生态功能系统及建构社区安全、健康的稳定生态服务与维护功能系统，也包括绿色建筑的内部。

绿色建筑的体系关系以绿色建筑科学为方法，作用于人居生态建设，达到对自然生态系统保护、修复及恢复的目的，最终提高人的生存环境、生存条件及生存质量，依靠科学技术的应用与创新，找到人和建筑与自然关系和谐的科学途径。

1. 绿色建筑的构成体系关系

说明绿色建筑在自然、人居系统中存在的位置。它与人的生存活动和生态景观共同存在于城市生态系统及城镇生态系统中，并共同构成人居生态系统。

2. 科学体系关系

通过与人、生态景观的和谐共生，优化城市及城镇生态体系服务功能，提高城市综合运行效率，实现人居系统可持续科学发展能力，构成绿色建筑的科学系统。

3. 学科支撑体系关系

生态规划客观指导下的科学规划成为建构绿色建筑科学体系的前提条件和基础保障。

（二）绿色建筑的学科构成

绿色建筑学科体系建立的核心是科学的发展必须符合自然自身的规律，而这个规律是不以人的意志为转移的。人类的智慧和科学研究已经涉及自然自身规律所应有的多学科的存在，我们不能以某一个或某几个学科的理论体系完成自然系统自身规律和人类发展规律的解读。它的理论体系最核心的东西是如何利用交叉学科、多学科的研究，把各个单一专业学科的理论体系中相关性的依据结合成一个复合型的交叉学科体系。

绿色建筑的学科构成从宏观上分为三个层面，即绿色建筑在城市生态系统层面的学科构成、绿色建筑自身系统学科构成、绿色建筑与人之间的关系构成，最终以客观的科学方法解决建筑与系统、人与建筑之间的和谐、优化、高效、可持续的共生关系，使客观的自然存在与人类主观意志和愿望达成动态的平衡统一。

绿色建筑在城市生态系统层面的学科构成涉及三大类基础学科，其中包括生态学、建筑学和规划学，同时它还涉及从自然科学到人文科学及技术科学的众多学科，是这些学科的理论及方法以规划为载体的实践与应用。涉及自然科学的学科包括地质、水文、气候、植物、动物、微生物、土壤、材料等，涉及人文科学的学科包括经济、社会、历史、交通等。

绿色建筑自身系统学科构成除建筑学科常规的内容外，还包括与建筑自身功能相关的学科，如建筑的热工、光环境、风环境、声环境等，还涉及能源、材料等各类技术。

绿色建筑与人之间关系的构成。建筑是人类生活的全部载体，人类的信仰、情感和美感以及经济、政治等各门学科都会反映到绿色建筑上。

（三）建构绿色建筑的技术系统

对绿色建筑技术体系的具体研究与实践是推广应用的根本，须长期从事绿色建筑的实践，并不断进行系统的基础理论研究与设计实践，通过多专业、跨学科专家团队交叉合作，以严谨创新的示范与实验工程，不断探索和验证应用绿色建筑科学体系的完善途径。

就绿色建筑研究与实践而言，通过生态景观、科学规划的研究与实践，结合绿色建筑功能、技术与材料的系统集成，绿色建筑适宜应用技术、新材料、循环材料、再生材料的研究与开发应用，及建筑室内生态设计等，探索一条共同构成绿色建筑综合生态设计应用、推广的科学技术体系。建构绿色建筑的技术系统主要涉及以下内容：①绿色建筑对城市与村镇系统生态功能扰动、破损与阻断的控制、管理与修复；②绿色建筑全寿命周期的组织、控制、使用与服务的系统管理；③建筑设计与建造对能源、资源、风环境、光环境、水环境、生态景观、文化主张的系统组织；④实现绿色建筑节约与效率要求的新材料、新技术的选择与应用；⑤建筑内部空间、功能使用与环境品质的控制。

1. 政策、规划层面

（1）立项组织

绿色建筑的立项组织应具有合法性、完整性、科学性和针对性，选址符合科学规划的要求。

（2）生态策略规划设计

从建筑全生命周期的角度，依照系统、景观、功能、文化需求定位，综合集成实施对策、技术、选择、标准与组织。

（3）场地设计

微生态系统组织设计、生态服务功能设计、场地布局与基础设施设计、场地材料与应用技术集成组织、场地景观与文化表达设计。

2. 设计建设层面

（1）生态功能设计

建筑的功能、效率、体形、形态、色彩、风格、建造与场地景观，构成和谐高效整体的组织及技术选型、集成与规范、标准。

（2）建筑设计

以建筑技术的组织集成构建建筑本体与外部环境、室内等综合系统协调，涉及建筑的资源、能源、风、光、声、水、材料等系统，结合合理的结构、构造设计，达到宜人、舒适的目标。

（3）施工组织

控制对环境的破坏及对生态系统的扰动，控制施工场地、功能组织、材料与设备管理、操作面的交通组织、施工安全与效率、场地修复与恢复。

3. 行政、管理层面

（1）物业管理

制定物业服务标准、建筑系统运行的高效节约管理标准、物业服务程序规范、物业监督管理规范。

（2）使用与维护

制定绿色建筑使用的行为规范、绿色建筑维护的技术规范。

（3）拆除与处理

制定建筑拆除的环境与安全规范，实现建筑拆除材料与建筑垃圾的资源化处理方法和再生循环利用规范及适用的技术意见、场地修复与恢复。

（四）绿色建筑设计的技术路线

国内外大量的实践经验表明，绿色建筑能提高使用的舒适性，节约资源和降低建造与使用过程中的能耗，并降低环境负荷，对提高建筑的经济效益，解决能源危机，实现人类社会的可持续发展有着重要意义。因此，绿色建筑的设计工作者一定要在建筑设计中掌握绿色建筑设计的科学技术路线，贯彻环保节能的设计理念，实现良好的经济和环境效益。

1. 绿色建筑设计的技术路线建立原则

绿色建筑设计的技术路线的建立主要应遵循以下三个原则：

（1）在绿色建筑系统逻辑的基础上

建构和维护建筑与生态系统关系，并满足人对建筑需求的方法与手段及所采取的科学途径。

（2）基于建筑学的技术方法

结合多学科、多专业交叉合作，将技术方法和技术手段进行系统化组织规范，并形成整体集成的实施应用技术体系。

（3）尊重不同地区的经济、文化等方面

同时尊重并把握环境、建筑、人三者之间的关系。

2. 绿色建筑设计的技术路线组成

绿色建筑的技术体系构成主要由三个基础部分组成：第一部分是绿色建筑在城乡时空序列中的功能配置；第二部分是绿色建筑自身构成序列的整体综合系统集成，体现功能的集约效率；第三部分是绿色建筑在设计、施工、使用和管理中的技术综合系统集成。

第三节　绿色建筑在规划中的优化

一、我国绿色建筑在规划设计中存在的问题

（一）短期利益驱动下的城市规划与建筑设计

以城市建设成就展示和追求利益最大化的快速销售为规划设计理念的建设，在很大程度上忽略、回避了一些棘手的生态环境问题，对于城市生态的研究往往仅作为规划编制中的过程参考，缺少对城市生态安全系统、生态系统容量能力以及生态承载分析的科学量化。建筑存在于城市与乡村之中，没有科学的城乡规划及有效实施，绿色建筑就失去了外在的生态环境。

1. 重展示而轻实用

城市规划建筑设计过于注重形象，形成了一种把城市重要功能集中于一处的博览会式规划的套路。中心区市委、市政府办公楼面对的是规模宏大的广场，广场四周分布博物馆、图书馆、大剧院、科技馆、体育中心和文化中心等建筑，这样的规划布局多为突出展示城市形象，而未必符合当地人的实际需求。在以形象为先的前提下，建筑设计追求新、奇、怪，夸张的造型、过度的装饰和超大的空间尺度造成了财力、材料、空间和能源的巨大浪费。这样高成本、高能耗的建筑，在使用过程中过分依赖人工照明、空调和机械通风，其结果是采用尽量减少使用的方法来降低运行成本，造成场馆闲置或运营成本巨大，给国家或企业造成负担，这些都不符合绿色建筑的原则。城市规划应该考虑城市的均衡发展和资源合理配置，过于集中的城市资源会造成大量人流聚集，给城市交通带来压力，使环境质量降低。

2. 重销售而轻服务

随着城市的扩张，那些远离市区的大楼盘缺乏必要的生活配套设施和产业规划，成了

一个个远离工作场所的“睡城”。配套服务的缺失、生活的不便使人们不得不到更远的地方去寻求服务，导致早晚上班高峰的人流大迁徙，给城市交通带来极大的压力，也造成了环境污染和资源浪费。

3. 重速度而轻基础

在片面追求高速发展的模式下，一些隐形的基础设施却不受重视。例如城市排雨水能力设计不足，特别是大城市建设的下沉式立交桥，聚集雨水的程度不可估测，导致在大雨之下水患频发。在城市规划及建筑设计中，应把生态环境摆在重要的位置，以可持续发展的视角看待基础设施，否则，那些局部的环保手段抵不过环境灾害造成的重大损失。

4. 重利益而轻质量

在短期快速销售模式下，很少有开发商持有物业，这也造成了很多开发商以低成本、低质量快速销售产品的策略引导建筑设计，追求自身利益最大化，忽略可持续发展。这样会造成很多工程质量问题，甚至影响到建筑的使用年限和生命周期，造成环境问题，甚至人为灾难。

5. 重功能而轻环境

城市规划通常从土地及空间资源配置考虑，注重城市功能及交通，这种规划大多以人的需求为核心，具有一定的局限性，较难形成良好的城市生态环境。如很多城市在设计城区主干道时未充分考虑未来交通需求的增加，主干道两侧的建筑往往在建成后十来年就因道路拓宽而不得不拆除，造成资源的极大浪费和环境污染。

6. 重商业而轻生态

作为城区内和城市边缘系统自然生态优化资源的湿地、河岸、湖泊、水库、林地、古寺庙周边以及森林山地，日益成为商业地产抢占的目标。在设计过程中，往往将环境地形当作平地、空地考虑，使其失去了原有的生态与特色，造成城市面貌雷同的现象，这样的破坏性建设，是绿色建筑不倡导的。

（二）对绿色建筑设计片面理解导致不同的设计倾向

在建筑设计实践中，存在对绿色建筑的片面理解，由此出现了不同的设计思路。

1. 设计仅满足最低限度的审查要求

由于对绿色建筑存在消极、肤浅的理解，认为绿色建筑就是应付报批检查，做门面工作，所以，在设计中仅满足最低限度的审查要求，没有对建筑及周边环境进行全面、深入和系统的分析研究，也没有更多地关注环境、生态等课题。就如一些设计不顾及当地材料特点，随意采用异地材料，造成环境污染和破坏。

2. 盲目堆砌环保技术

过分强调绿色建筑的高科技特色，堆砌环保技术，因而抬高了建筑造价，增加综合运营成本。如在目前国内大环境下应用的太阳能光伏电技术，经测算，需要近百年的投资回收期；不顾所处环境的条件，引用国外双层玻璃幕墙技术，导致空腔内部积灰严重，影响卫生保洁，综合效果不佳；在城市有充足供热的地段盲目采用地缘热泵技术，不仅效果难以保证，经济效益也不佳。在很多方案设计中，列出的众多环保节能技术往往都难以实施。

3. 盲目引用外来技术

建筑师几乎完全抛弃了我国传统建筑的绿色设计理念，认为国外的最新技术才是最环保的，从而盲目引用外来技术，导致建设成本的提高。《绿色建筑评价标准》中规定了对绿色建筑的评价要考量建筑的全周期，并能够推行节材以及对可再生材料的应用，这些与我国古代的传统文化和传统建筑观有许多不谋而合之处。

4. 重视概念而忽略细节

在建筑设计中还存在重概念轻细节的问题，很多设计师了解节能环保的概念，但不知从何处入手解决具体的问题。这其中有以下几方面原因：①我国对绿色建筑的研究目前尚处于初级阶段，对绿色建筑尚未形成一整套完整的知识体系和学科体系，因此，缺乏对绿色建筑的理论指导及实施细则。②绿色环保的技术研发相对滞后，绿色产品推广不够，导致应用技术层面的断层，建筑师“无米下锅”。③缺乏相关学科评价计算的方法和软件，许多方面的问题缺乏量化指标和检测手段，导致对很多问题只能凭经验和直观感觉，而缺乏科学依据。目前，我国绿色建筑评价所需基础数据较为缺乏，这就使得定量评价的标准难以科学地确定。有些评价手段沿用或借用了国外的方法，对本土问题的适应性有待观察和检验。同时，这些技术往往掌握在国外机构手中，形成技术壁垒，影响了绿色建筑设计的推广和发展。

二、应对我国绿色建筑规划设计问题的对策

建立、完善城乡规划和建筑设计评价体系，增加对生态和环境保护的法律法规建设，要有科学的量化指标。规划和建筑设计是涉及多系统、多学科的课题，需要对项目进行多方论证和多学科论证，充分尊重专家学者意见，要避免过多的行政干预。环境评估报告不能走形式，而应在以后的实施过程中逐条落实，并形成验收和监督机制。

对规划和建筑设计人员进行绿色建筑培训，提高绿色建筑设计的知识和技能，树立生态系统观，认识到评价建筑全生命周期能耗以及多学科、多系统解决环境问题的重要性。

加强基础性研究，科学定量地对建筑设计提出指导，提高我国建筑材料科技水平，走出粗放的发展模式，推广先进节能环保材料，淘汰落后材料；以科技促进建筑设计水平的

提高，大幅提升建筑整体水平和科技含量，延长建筑生命周期，并实现循环可持续发展。

试行建筑开发商终身责任制或保险机制，鼓励开发商提供优质耐久的建筑产品，促进建筑设计、建筑工程出精品，达到减少拆改维修、节约资源、减少污染和延长建筑寿命的目的；建筑材料供应商应提高质量保障期限。鼓励对绿色建筑实行设计总承包责任制，即组织建筑、结构、机电、室内设计、景观、照明、声学及绿色建筑等相关顾问组成设计团队，组织各系统进行全面综合的设计，提出系统的解决方案，提高各子系统之间的协调性，减少建设过程中的返工拆改，提高产业化、工业化水平，降低全周期运营成本及能耗。

形成对既有建筑的节能评估和检测调试机制，对不符合节能要求的建筑进行改造并请设计人员提出改进方案。加强对优秀传统建筑的研究，总结出对环境有益的经验并转换为新的设计手段，保证生态环境的不断改善。

总之，绿色建筑设计应彰显人与自然环境和谐相处的生态建筑理念，要求建筑在全生命周期内，不仅要满足人们的生理和心理需求，且保证资源的消耗最为经济合理，对环境的影响最小。随着我国绿色建筑的不断发展，应加强对绿色建筑设计的深层次研究，不断实现设计创新，这样才能确保建筑行业的可持续发展。

第四节　绿色建筑设计内容与程序

绿色设计（Green Design，GD）是指产品整个生命周期内优先考虑产品的环境属性，同时保证产品应有的基本性能、使用寿命和质量的设计。绿色建筑设计可以说是绿色设计观念在建筑学领域的体现，也就是将全面可持续发展理念引入传统建筑设计的过程。绿色建筑设计要满足更多的目标需求维度，所以绿色建筑有传统建筑难以比拟的特点。

一、绿色建筑设计发展概况

进入21世纪以来，可持续发展在世界范围内得到人们的普遍关注，尤其在对资源利用和环境影响方面都有着长期巨大效应的建筑领域，如何以绿色建筑为指导方向，保证建筑行业真正实现可持续发展的目标，已经成为一个迫在眉睫的问题。

可持续发展在建筑行业的主要体现就是要建立环保、节能、生态的绿色建筑。绿色建筑亦称为生态建筑、可持续发展建筑，它遵循可持续发展原则，以高新技术为主导，针对建筑全寿命的各个环节，通过科学的整体设计，全方位体现节约能源、节省资源、保护环境、以人为本的基本理念，创造高效低耗、无废无污、健康舒适、绿色平衡的建筑环境，提高建筑的功能、效率与舒适性水平。

绿色建筑的实践毫无疑问是一项高度复杂的系统工程，不仅需要建筑师具有绿色环保的理念，采取相应的设计方法，还需要管理层、业主都具有较强的环保意识。这种多层次合作关系的介入，需要在整个过程中确立明确的评价及认证系统，以定量的方式检测建筑设计绿色目标达到的效果，用定量指标来衡量其所达到的预期环境性能实现的程度。评价系统不仅指导检验绿色建筑实践，同时也为建筑市场提供制约和规范，促使在设计、运行、管理和维护过程中更多考虑环境因素，引导建筑向节能、环保、健康、舒适、讲求效益的轨道发展。

20 世纪 90 年代初，国际建协在芝加哥举行主题为“为了可持续未来的设计”的会议，采纳了美国国家公园出版社出版的《可持续发展设计指导原则》中列出的六条设计细则：①重视对设计地段的地方性、地域性理解，延续地方场所的文化脉络；②增强适用技术的公众意识，结合建筑功能要求，采用简单合适的技术；③树立建筑材料蕴藏能量和循环使用的意识，在最大范围内使用可再生的地方性建筑材料，避免使用高蕴能量、破坏环境、产生废物以及带有放射性的建筑材料，争取重新利用旧的建筑材料、构件；④针对当地的气候条件，采用被动式能源策略，尽量应用可再生能源；⑤完善建筑空间使用的灵活性，以便减少建筑体量，将建筑所需的资源降至最少；⑥减少建造过程中对环境的损害，避免破坏环境、资源浪费及材料浪费。上述六条“可持续建筑设计细则”对世界各国的建筑界具有一定的普遍指导意义。

二、绿色建筑设计内涵及要点

所谓绿色建筑设计，是指紧密结合当地情况及用户需求，采用一系列先进材料、机械和控制技术，使楼宇系统最佳化，在为用户提供健康和舒适的生活环境的基础上，大大减少能耗、水耗以及废水处理等运营成本。绿色建筑设计是一项系统工程，需要考虑到各个方面，从对环境影响、建筑物内环境和全寿命周期投资等角度综合做出决策。一座建筑物的“寿命”跨越它的规划、设计、施工和运行，直至其最终被拆除或再利用。在建筑设计和施工阶段，所做的决策会直接影响以后各阶段的费用和效率。但负责建筑设计、施工以及做出初投资的，往往和使用维护建筑、承担其运行费用、支付雇员工资和利息的不是一个单位。这就导致许多建筑在使用中出现各种由于设计不当引起的问题。绿色建筑设计需要从一开始就考虑到建筑在整个生命周期中的表现，在提供良好室内环境的基础上，不是仅仅考虑节省初投资，还要考虑节约运行与维护费用。也就是说，绿色建筑关心的是建筑物“一生”的“健康状况”。

绿色建筑设计的具体内容较多，其中普遍认同的主要有以下几点：

（一）重视整体设计

整体设计的优劣将直接影响绿色建筑的性能及成本。建筑设计必须结合气候、文化、经济等诸多因素进行综合分析、整体设计，切勿盲目照搬所谓的先进绿色技术，也不能仅仅着眼于一个局部而不顾整体。如热带地区使用保温材料和蓄热墙体就毫无意义，而对于寒冷地区，如果窗户的热工性能很差，使用再昂贵的墙体保温材料也不会达到节能的效果，因为热量会通过窗户迅速散失。在经济拮据的情况下，将有限的保温材料安置在关键部位，而不是均匀分布，会起到事半功倍的效果。而对于有些类型的建筑如内部发热量大的商场或实验室，没有保温材料利于降低空调能耗，也会更利于节能。

（二）因地制宜

绿色建筑着重关注的一点是因地制宜，绝不能照搬盲从。气候的差异也使得不同地区的绿色设计策略大相径庭。建筑设计应充分结合当地的气候特点及其他地域条件，最大限度地利用自然采光、自然通风、被动式集热和制冷，从而减少因采光、通风、供暖、空调所导致的能耗和污染。在日照充足的西北地区，太阳能的利用就显得高效、重要；而对于终日阴云密布或阴雨绵绵的地区则效果不明显，甚至可有可无。北方寒冷地区的建筑应该在建筑保温材料上多花钱、多投入；而南方炎热地区则更多的是要考虑遮阳板的方位和角度，即防止太阳辐射和避免产生眩光。某种建筑平面或户型在一个地区也许是适合气候特点的典范之作，而搬到另一个地区则会成为最蹩脚的抄袭。

（三）尊重基地环境

在保证建筑安全性、便利性、舒适性、经济性的基础上，在建筑规划、设计的各个环节引入环境概念，是一个涉及多学科的复杂的系统工程。规划、设计时须结合当地绿色、地理、人文环境特性，收集有关气候、水资源、土地使用、交通、基础设施、能源系统、人文环境等资料，力求做到建筑与周围的绿色、人文环境的有机结合，增加人类的舒适和健康，最大限度地提高能源和材料的使用效率。

（四）创造健康舒适的室内环境

使用对人体健康无害的材料，抑制危害人体健康的有害辐射、电波、气体等，符合人体工程学的设计；室内具有优良的空气质量，优良的温、湿度环境，优良的光、视线环境，优良的声环境。

（五）应用减轻环境负荷的建筑节能新技术

采用自动调节的室内照明系统、局域空调、局域换气系统、节水系统；注意能源的循环使用，包括对二次能源的利用、蓄热系统、排热回收等；使用耐久性强的建筑材料；采用便于对建筑保养、修缮、更新的设计；设备竖井、机房、面积、层高、荷载等设计留有发展余地。

（六）使建筑融入历史与地域的人文环境

这一点包括以下几方面：①对古建筑的妥善保存，对传统街区景观的继承和发展；②继承地方传统的施工技术和生产技术；③继承保护城市与地域的景观特色，并创造积极的城市新景观；④保持居民原有的生活方式并使居民参与建筑设计与街区更新。

三、绿色建筑设计的特点与原则

（一）绿色建筑设计的特点

基于绿色建筑设计的含义，可以看出绿色建筑设计至少有两个特点：一是在满足建筑物的成本、功能、质量、耐久性要求的基础上，考虑建筑物的环境属性，也就是还要达到节能减排的要求；二是绿色建筑设计时所需要考虑的时间跨度较大，甚至涵盖建筑的整个寿命周期环节。

（二）绿色建筑设计的原则

根据《绿色建筑：为可持续发展而设计》中提出的对绿色建筑设计比较有影响的观点（节约能源、设计结合气候、材料与能源的循环利用、尊重用户、尊重基地环境、整体设计观），并结合现代建筑的要求，可以归纳出绿色建筑设计的四项原则。

1. 经济可行原则

无论其他方面多么理想的绿色建筑设计，在经济评价上不尽如人意，也无法受到决策者的青睐，经济可行是建筑设计的基本原则。

2. 资源利用4R原则

建筑的建造和使用过程中涉及的资源主要包括能源、土地、材料、水，4R原则即注重资源的减量（Reducing）、重用（Reusing）、循环（Recycling）和可再生（Renewable），是绿色建筑设计中资源利用的相关原则，每一项都必不可少。

3．环境亲和原则

建筑领域的环境涵盖建筑室内外环境，环境亲和就是说绿色建筑设计要满足室内环境的舒适度需求，还要保持室外的生态环境。

4．社会可接受原则

优良的绿色建筑设计应该具有行业示范性，并且设计中能够尊重传统文化和发扬地方历史文化，注意与地域自然环境的结合，从而提高社会认可度。

综上所述，针对我国的绿色建筑发展历程，国内的绿色建筑设计还应该从我国现阶段具体国情出发。我国建筑业及相关产业耗能接近国民生产耗能的一半，无论是在建筑物的建造过程中，还是在建筑物的使用过程中，都有大量的能源和资源投入其中。而我国正经历城镇化和工业化的加速发展阶段，建筑业还将持续快速发展。因此，我们必须围绕低耗设计来发展中国绿色建筑设计：一方面在经济条件允许的范围内，应该鼓励采用新材料、新技术和新工艺，达到减少资源使用和提高资源使用效率的双重目标；另一方面，坚持整体设计理念，注重相应技术准则。

四、绿色建筑设计的程序

根据我国住房和城乡建设部颁布的《中国基本建设程序的若干规定》和《建筑工程项目的设计原则》的有关内容，结合《绿色建筑评价标准》的相关要求，绿色建筑设计程序基本上可归纳为七大阶段性的工作内容。

（一）项目委托和设计前期的研究

绿色建筑工程项目的委托和设计前期研究是设计程序中的最初阶段。通常业主将绿色建筑设计项目委托给设计单位后，由建筑师组织协助业主进行此方面的现场调查研究工作。主要的工作内容是根据业主的要求条件和意图制定出建筑设计任务书，它包括以下几方面的内容：①建筑基本功能的要求和绿色建筑设计的要求；②建筑的规模、使用和运行管理的要求；③基地周边的自然环境条件；④基地的现状条件、给排水、电力、煤气等市政条件和城市交通条件；⑤绿色建筑能源综合利用的条件；⑥防火、抗震等专业要求的条件；⑦区域性的社会人文、地理、气候等条件；⑧建设周期和投资估算；⑨经济利益和施工技术水平等要求的条件；⑩项目所在地材料资源的条件。

根据绿色建筑设计任务书的要求，设计单位先要对绿色建筑设计项目进行正式立项，然后建筑师和设计师同业主对绿色建筑设计任务书中的要求详细地进行各方面的调查和分析，按照建筑设计法规的相关规定以及我国关于绿色建筑的相关规定进行针对性的可行性研究，归纳总结出研究报告后，才可进入下阶段的设计工作。

（二）方案设计阶段

根据业主的要求和绿色建筑设计任务书，建筑师要构思出多个设计方案草图提供给业主，针对每个设计方案的优缺点、可行性和绿色建筑性能与业主反复商讨，最终确定某个既能满足业主要求又符合建筑法规相关规定的设计方案，并通过建筑 CAD 制图、建筑效果图和建筑模型等表现手段，提供给业主设计成果图（方案设计图）。业主再把方案设计图和资料呈报给当地的城市规划管理局、消防局等有关部门进行审批确认（方案设计报批程序）。方案设计图包括以下几方面的内容：①建筑设计方案说明书和建筑技术经济指标；②方案设计的总平面图；③各层平面图及主要的立面、剖面图；④方案设计的建筑效果图和建筑模型；⑤各专业的设计说明书和专业设备技术标准；⑥建设工程的估算书。

（三）初步设计阶段

方案设计图经过有关部门的审查通过后，建筑师根据审批的意见建议和业主新的要求条件，须对方案设计的内容进行相关的修改和调整，同时着手组织各技术专业的设计配合工作。在项目设计组安排就绪后，建筑师同各专业的设计师对设计技术方面的内容进行反复探讨和研究，并在相互提供各专业的技术设计要求和条件后，进行初步设计的制图工作（初步设计图）。初步设计图包括以下几方面的内容：①初步设计建筑说明书；②初步设计建筑总平面图（含总图专业的初步设计）；③各层平面图和立面、剖面图；④特殊部位的构造节点大样图；⑤结构、给排水、暖通、强弱电、消防、煤气等专业的平面布置图和技术系统图，各专业的初步设计说明书；⑥建设工程的概算书。

对于大型和复杂的建筑工程项目，初步设计完成后，在进入下阶段的设计工作之前，需要进行技术设计工作（技术设计阶段）。对于大部分的建筑工程项目，初步设计还须再次呈给当地的城市规划国土局和消防局等有关部门进行审批确认（初步设计报批程序）。在中国标准的建筑设计程序中，阶段性的审查报批是不可缺少的重要环节，如审批未通过或设计图中仍存在技术问题，设计单位将无法进入下阶段的设计工作。

（四）施工图设计阶段

根据初步设计的审查意见建议和业主新的要求条件，设计单位的设计人员对初步设计的内容需要进行修改和调整，在设计原则和设计技术等方面，如各专业间基本没有太大问题，就要着手准备进行详细的实施设计工作，也就是施工图的设计。施工图设计包括以下几方面内容。

1. 建筑设计施工图

（1）建筑施工图设计说明书、材料分类和经济技术指标。

（2）建筑总平面图和绿化庭院配置设计图（含总图专业的竖向设计和管线综合设计）。

（3）各层平面图、立面图和剖面图。

（4）节点大样图和局部平面详图。

（5）单元平面详图和特殊部位详图。

（6）建筑门窗立面图和门窗表。

2. 结构设计施工图

（1）结构设计说明和施工构造作法。

（2）结构设计计算书。

（3）结构设计施工详图。

3. 给排水、暖通设计施工图

（1）给排水、暖通施工图设计说明和设备明细表。

（2）给排水、暖通施工图设计的计算书。

（3）给排水、暖通施工设计系统图。

（4）消防、燃气等特殊专业的施工设计系统图。

4. 强弱电设计施工图

（1）强弱电施工图设计说明和设备明细表。

（2）强弱电施工图设计计算书。

（3）强弱电施工设计系统图。

（4）智能化管理系统和消防安全等专业施工设计系统图。

5. 建设工程的预算书

各专业的施工图设计完成后，业主再次呈报给当地的城市规划国土局和消防局等有关部门进行审查报批（施工图设计报批程序），获得通过并取得施工许可证资格后，开始着手组织施工单位的投标工作，中标的施工单位才可进入现场进行施工前的准备。

（五）施工现场的服务和配合

在施工准备过程中，建筑师和各专业设计师首先要向施工单位对施工设计图、施工要求和构造作法进行交底说明。有时施工单位对设计会提出合理化的建议和意见，设计单位就要对施工图的设计内容进行局部的调整和修改，通常采用现场变更单的方式来解决图纸中设计不完善的问题。另外，建筑师和各专业设计师按照施工进度会不定期地去现场对施

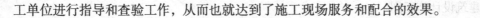

工单位进行指导和查验工作，从而也就达到了施工现场服务和配合的效果。

（六）竣工验收和工程回访

依照国家建设法规的相关规定，建筑施工完成后，设计单位的设计人员要同有关管理部门和业主对建筑工程进行竣工验收和检查，获得验收合格后，建筑物方可正式投入使用。在使用过程中设计单位要对项目工程进行多次回访，并在建筑物使用一年后再次总回访，目的是听取业主和使用者对设计和施工等技术方面的意见和建议，为设计业务积累宝贵经验，使建筑师和设计师们的设计水平在日后得以提高，这样也可完善建筑设计程序的整个过程。

（七）绿色建筑评价标识的申请

按照《绿色建筑评价标准》进行设计和施工的项目，在项目完成后可申请“绿色建筑评价标识”：绿色建筑评价标识，是指依据《绿色建筑评价标准》和《绿色建筑平价技术细则（试行）》（以下简称《管理办法》），按照《绿色建筑评价标识管理办法（试行）》，确认绿色建筑等级并进行信息性标识的评价活动。

绿色建筑评价标识分为“绿色建筑设计评价标识”和“绿色建筑评价标识”。

“绿色建筑设计评价标识”是依据《绿色建筑评价标准》《绿色建筑评价技术细则（试行）》和《绿色建筑评价技术细则补充说明（规划设计部分）》对处于规划设计阶段和施工阶段的住宅建筑和公共建筑，按照《管理办法》对其进行评价标识。标识有效期为两年。

“绿色建筑评价标识”是依据《绿色建筑评价标准》《绿色建筑评价技术细则（试行）》和《绿色建筑评价技术细则补充说明（运行使用部分）》，对已竣工并投入使用的住宅建筑和公共建筑，按照《管理办法》对其进行评价标识。标识有效期为三年。

住房和城乡建设部委托科技发展促进中心负责绿色建筑评价标识的具体组织实施等管理工作和三星级绿色建筑的评价工作，指导一、二星级绿色建筑的评价工作，并成立绿色建筑评价标识管理办公室，接受住房和城乡建设部的监督与管理。住房和城乡建设部委托具备条件的地方住房和城乡建设管理部门开展所辖地区一星级和二星级绿色建筑评价标识工作。受委托的地方住房和城乡建设管理部门组成地方绿色建筑评价标识管理机构具体负责所辖地区一星级和二星级绿色建筑评价标识工作。地方绿色建筑评价标识管理机构的职责包括：组织一星级和二星级绿色建筑评价标识的申报、专业评价和专家评审工作，并将评价标识工作情况及相关材料报绿标办备案，接受绿标办的监督和管理。

绿色建筑评价标识的评价工作程序如下：①绿标办在住房和城乡建设部网站上发布绿

色建筑评价标识申报通知。申报单位根据通知要求进行申报。②绿标办或地方绿色建筑评价标识管理机构负责对申报材料进行形式审查，审查合格后进行专业评价及专家评审，评审完成后由住房和城乡建设部对评审结果进行审定和公示，并公布获得星级的项目。③住房和城乡建设部向获得三星级“绿色建筑评价标识”的建筑和单位颁发绿色建筑评价标识证书和标志（挂牌）；向获得三星级“绿色建筑评价标识”的建筑和单位颁发绿色建筑设计评价标识证书。受委托的地方住房和城乡建设管理部门向获得一星级和二星级的“绿色建筑评价标识”的建筑和单位颁发绿色建筑评价标识证书和标志（挂牌）；向获得一星级和二星级“绿色建筑设计评价标识”的建筑和单位颁发绿色建筑设计评价标识证书。④绿标办和地方绿色建筑评价标识管理机构每年不定期、分批开展评价标识活动。

第三章 绿色建筑技术与应用

随着可持续发展理论体系的不断发展和完善，建筑行业也深受影响。作为我国国民经济的支柱行业，建筑行业理所当然应走可持续发展道路，顺应时代发展的趋势。发展并应用绿色建筑技术对于建筑行业的可持续发展具有十分重要的意义，本章即对绿色建筑的技术及其应用进行研究。

第一节 绿色建筑技术理论

一、概述

在推动我国低碳生态城市发展模式的进程中，绿色建筑是最重要的政策手段之一。从最基本的区域气候条件来看，不同气候区域内的绿色建筑项目数目可能会随自然资源、气候特点、采暖空调要求等条件而不同。不过除了自然气候要素外，市场经济活动也是主要决定绿色建筑建设集聚的因素。

绿色建筑可能需要投入额外成本，但也会带来效益，成本和收益的差就是经济效益。然而在绿色建筑的发展过程中，不同阶段、不同类型的绿色建筑经济利益是有差异的。我国目前的绿色建筑评价技术标准是全国性的，不同城市的宏观经济和房地产市场条件却有差异，反映绿色建筑项目的市场回报就不一样，因而导致同技术水平的绿色建筑在不同城市的数量就有差异。这种差异特征也表明绿色建筑的推动和地方宏观经济条件是分不开的。

二、各类指标中应用最多的技术

在绿色建筑的评价体系六大指标下还设有分项指标。绿色建筑要求在六大指标方面有综合、全面、协调的考虑，但并不要求每个分项指标都要满足，在《绿色建筑评价标准》

中，对分项指标提出了定性和定量的要求，根据符合分项指标的程度，对绿色建筑进行分级，绿色建筑的建设单位可以根据项目的具体情况，选择和实现不同等级的绿色建筑的目标（见表3-1）。随着时间的推移和绿色建筑实践经验的日益丰富，绿色建筑的技术逐步成熟，解决方法也会逐渐增多，对绿色建筑的要求会逐步提高。

表3-1　各类指标中应用最多的前六项技术统计

技术类别	节地与室外环境	节能与能源利用	节水与水资源利用	节材与材料资源利用	室内环境质量	运营管理
1	透水地面	保温材料加厚	节水器具	预拌混凝土/砂浆	隔声设计/预测	合理的智能化系统
2	地下空间开发	节能外窗	绿化喷灌、微灌	可再循环材料回收	CFD模拟优化	分户计量
3	交通优化	能耗模拟优化	雨水收集回用	土建与装修一体化	采光模拟优化	HVAC、照明自动监控系统
4	屋顶/垂直绿化	高效光源	雨水分计量	灵活隔断	无障碍设计	垃圾分类
5	噪声预测	太阳能热水设备	中水回用	高强度钢/混凝土	可调节外遮阳	生物垃圾处理
6	公共服务配套完善	照明智能控制	冷凝水收集回用	建筑结构体系	空气质量监控系统	定期检查/清洗空调

从应用的技术角度来看，在六类指标要求中，绿色建筑项目最主要的增量成本源于要满足“节能与能源利用”指标的要求。在这类指标中，目前又以建筑节能技术为决定成本的最主要因素。

建设单位对不同指标组合的选择有明显差异，同时，指标也有不同的达标率。部分高参评和高达标率的指标代表了这些绿色建筑设计技术手段在市场上很成熟，被建设单位和设计单位广泛使用，有关技术已被掌握（如围护结构节能设计、场地交通组合等）。事实上，大部分此类指标都没有明显的额外成本（如透水地面和绿化、用水计量）。可以预见，未来这些绿色建筑设计技术会继续普遍化，成本会因而再降。

三、各星级绿色建筑参评策略

总的来说，星级级别越高，增量成本水平相对较高，但个别项目的增量成本各有变化幅度，显示并不是高评价等级一定有高增量成本。一星级的住宅和公建绿色建筑增量成本基本上已下降到较低水平或接近零。这说明目前我国绿色建筑一星标准要求的建筑成本影响比较低，可以考虑全面强制要求为新建建筑标准。

绿色建筑的增量成本由项目的设计技术路线及整体设计要求而定，而不同设计路线存在增量成本的差异，要同样达到某种水平星级的评价，可以通过不同增量成本水平的设计来达到。不少项目可以通过设计方向、评估指标选择、技术应用组合等手段，以较低的增量成本达到较高的绿色建筑星级。

从技术角度来看，在六类指标中，绿色建筑项目最主要的增量成本源于要满足“节能与能源利用”的指标要求。在这些指标类中，目前又以建筑节能技术为决定成本的最主要原因。

建筑节能技术的成本幅度反映了不同星级的建筑节能效率水平要求，成本分析说明，建筑节能已是十分普遍的绿色建筑技术，反映了市场在技术、产品供应、设计知识的日趋成熟现象。

（一）一星居住建筑参评策略

居住建筑参评绿色建筑一星对优选项没有要求，只要控制项全部满足，且一般项达到一星项数要求，即能达到一星标准。

（二）二星居住建筑参评策略

居住建筑参评绿色建筑二星需要至少三个优选项，且控制项要全部满足，建议优先考虑增量成本较低并符合地区特点的优选项技术，可选择地下空间利用和太阳能热水系统等技术。

（三）三星居住建筑参评策略

居住建筑参评绿色建筑三星需要至少五个优选项，且控制项要全部满足，建议优先考虑增量成本较低并符合地区特点的优选项技术，可选择地下空间利用、太阳能热水系统、高效空调机组等技术。

（四）一星公共建筑参评策略

公共建筑参评绿色建筑一星对优选项没有要求，只要控制项全部满足，且一般项达到一星项数要求，即能达到一星标准。

（五）二星公共建筑参评策略

公共建筑参评绿色建筑二星需要至少六个优选项，且控制项要全部满足，建议优先考虑增量成本较低并符合地区特点的优选项技术，可选择透水地面、可再生能源、照明功率密度值、空气质量监控、自然采光等技术。

（六）三星公共建筑参评策略

公共建筑参评绿色建筑三星需要至少10个优选项，且控制项要全部满足，建议优先考虑增量成本较低并符合地区特点的优选项技术，可选择透水地面、节能80%、可再生能源、非传统水源利用、建筑外遮阳、空气质量监控、自然采光等技术。

第二节　绿色建筑技术特点

经过多年的发展，绿色建筑标准、评价、设计、产品、人员趋于理性化、标准化和规范化，绿色建筑产品由原来的新技术变为成熟技术，由原来不为人知的高科技变成了人人皆知的常用技术，绿色建筑增量成本也随之降低。加上居住建筑趋向部品化，更多住宅是装修交付，因此，对于绿色建筑达到更高星级有了基本方案，增量成本也随之下降。

一、保温材料加厚

墙体保温材料包括有机类（如苯板、聚苯板、挤塑板、聚苯乙烯泡沫板、硬质泡沫聚氨酯、聚碳酸酯及酚醛等）、无机类（如珍珠岩水泥板、泡沫水泥板、复合硅酸盐、岩棉、蒸压砂加气混凝土砌块、传统保温砂浆等）和复合材料类（如金属夹芯板、芯材为聚苯、玻化微珠、聚苯颗粒等）。

外墙保温使建筑物内部的温度得到控制，尤其是在寒冷的冬季。如果只是内墙的话，冬天气温降低，主墙体的厚度就决定了室内的温度，主墙体越薄，就会使室内温度散失，室内温度降低。而有了外墙保温后，热量的散失大大减少，从而实现了保温的效果。

二、外窗节能

在整个建筑耗能中，外窗生产制造中选择的材料性能也会对建筑耗能造成一定的影响。在整个外窗材料耗能的过程中，起主要作用的包括窗玻璃与窗框材料。

目前常采用的窗框材料以钢质、木质、铝合金和塑料为主，其中用量较大，密封热阻值好的首选塑料窗。双层窗扇的做法是传统的保温节能形式，两层扇中间有100mm宽的空间，保证空气不流动。保温节能窗的用材和结构固然重要，但窗的最大导热辐射面积是玻璃无疑。玻璃的散热主要是依靠热导传和热辐射，而这种传导的热是从玻璃内侧把热传导到玻璃窗的外表面。

三、能耗模拟优化

建筑能耗模拟是指对环境与系统的整体性能进行模拟分析的方法，主要包括建筑能耗模拟、建筑环境模拟（气流模拟、光照模拟、污染物模拟）和建筑系统仿真。其中建筑能耗模拟是对建筑环境、系统和设备进行计算机建模，并算出保护逐时建筑能耗的技术。在设计阶段通过建筑能耗的模拟与分析对设计方案进行比较和优化，配合绿色建筑设计。

四、室外透水地坪设计

室外透水地坪是指在无铺装的裸露地面、绿地，通过铺设透水铺装材料或以传统材料保留缝隙的方式进行铺装而形成的透水型地坪。

它具有降低热岛效应，调节微气候；增加场地雨水与地下水涵养，改善生态环境及强化天然降水的地下渗透能力，补充地下水量，减少因地下水位下降造成的地面下陷；减轻排水系统负荷，以及减少雨水的尖峰径流量，改善排水状况等诸多优点。

将住宅小区内的大量硬质铺装道路，改用透水地坪铺装可以产生极大的生态效益，同时在雨雪天有效防止路面积水、湿滑，提高住区内的通行安全性。

五、场地绿化设计

生态绿化能够有效改善建筑周边热环境，减少温室效应，降低城市噪声，调节碳氧平衡，减轻城市排水系统负荷。常见的生态绿化包括屋顶绿化、垂直绿化以及人工湿地。

建筑场地绿化设计时应结合风环境设计和噪声控制要求，设置一定量的绿化防风带和绿化隔音带；同时，绿色植物的配置应能体现本地区植物资源的丰富程度和特色植物景观等方面的特点，以保证绿化植物的地方特色，并采用包含乔、灌木的复层绿化，形成富有层次的绿化体系。

六、绿色照明设计

（一）自然采光设计

建筑自然采光是指采用高透光围护结构或管道式采光构造措施向室内引进自然光线，增加室内昼间照度，以提高室内人员活动的舒适度，并减少照明灯具运行时间，降低建筑能耗。自然采光的方式有很多，例如侧窗采光、天窗采光、中厅采光、导光管、光导纤维、采光隔板、导光棱镜窗等。保障性住房项目可考虑在地下室停车库设计采用管道式光导照明系统。

管道式光导照明系统是通过采光罩收集阳光、隔绝红外线等大量产生热量的光线，再利用高反射的光导管，将可见光从室外引进室内。它是一种可以穿越吊顶，穿越覆土层，并且可以拐弯，可以延长，绕开障碍，将阳光送到任何地方的绿色、健康、环保、无能耗的照明产品。

（二）照明节能设计

完整的绿色照明内涵包括高效节能、环保、安全、舒适四项指标，不可或缺。高效节能意味着消耗较少的电能获得足够的照明，从而明显减少电厂大气污染物的排放，达到环保的目的。

合理地提高照度是改善室内环境的最简单、最直接有效的方法。在医院光源的选用上，应克服单一色温照明，合理配搭冷暖光源，多路控制，运用柔和的反射光和漫射光营造医院特有的环境。

照明节能控制系统主要通过定时器、光控声控系统、辅助装置等对建筑进行照明控制。定时器具有足够的可编程开关点数，保证每天或每周必需的控制数；具有时钟与输出状态显示功能；输出具有足够的常开常闭接点，且接点容量满足控制负荷（中间继电器）的容量要求；自备电池能保证定时器本身用电 24 小时，停电后程序不会丢失。设计光控声控系统，根据光线强弱、声音大小自动进行供断电是节能的重要手段。但设计时要注意不同季节、气候、时间的光线强弱都会有所不同，光控装置必须不受上述因素的影响，只根据实际设定的光通量来开断装置。

七、建筑节水设计

节水有两层含义：一是通常意义的节约用水；二是合理用水。经济合理地提高水的利用效率，精心管理和文明使用水资源，以使有限的水资源满足人类社会经济不断发展的需要。因此，在建筑节水的设计中，除了尽可能采用节水型的卫生洁具和微灌、喷灌等浇灌设备，还应考虑有效地利用非传统水源。

（一）雨水回收利用系统

雨水回收利用系统可集中收集屋面、道路等处的雨水等，收集的雨水经过过滤、消毒等技术净化后达到一定的洁净要求，可以用于人工湿地景观补水、冲洗道路、绿化用水、生活杂用水、冷却循环等用途。充分利用雨水资源，可以大大减轻城市的需水压力，缓解地下水的资源紧张状况，是改善城市生态环境的重要部分，将会产生巨大的社会、环境及经济效益。

（二）中水的回收和利用

中水，主要是指城市污水或生活污水经处理后达到一定的水质标准、可在一定范围内重复使用的非饮用杂用水，其水质介于水与下水之间，是水资源有效利用的一种形式。

八、可再生能源一体化设计

可再生能源包括太阳能、地热能、风能、海洋潮汐能，等等。太阳能热水系统是利用太阳能集热器，收集太阳辐射能把水加热的一种装置，是目前太阳热能应用发展中最具经济价值、技术最成熟且已商业化的一项应用产品。太阳能热水系统以加热循环方式可分为自然循环式太阳能热水器、强制循环式太阳能热水系统、储置式太阳能热水器三种。

第三节　绿色建筑节能环保新技术

一、高效保温隔热外墙体系

建筑内保温的致命缺点是无法避免冷桥，容易形成冷凝水从而破坏墙体，因此，无论是从保温效果还是从外饰面安装的牢固度和安全性考虑，外墙外保温及饰面干挂技术都是最好的外墙保温方式。

外保温的形式可有效形成建筑保温系统，达到较好的保温效果，减少热桥的产生；同时，保温层与外饰面之间的空气层可形成有效的自然通风，以降低空调负荷，节约能耗并排除潮气保护保温材料。另外，外饰面有挂件固定，非黏接，无坠落伤人危险。

保温材料置于建筑物外墙的外侧，基本上消除了建筑物各个部位的热桥影响，从而充分发挥了轻质高效保温材料的效能，相对于外墙内保温和夹心保温墙体，它可使用较薄的保温材料，达到较高的节能效果。

（一）外保温墙的作用

1. 保护主体结构

置于建筑物外侧的保温层，大大减少了自然界温度、湿度、紫外线等对主体结构的影响。建筑物竖向的热胀冷缩可能引起建筑物内部一些非结构构件的开裂，而外墙采用外保温技术可以降低温度在结构内部产生的应力。

2. 有利于改善室内环境

外保温可以增加室内的热稳定性，在一定程度上阻止了雨水等对墙体的侵蚀，提高了墙体的防潮性能，可避免室内的结露、霉斑等现象，因而创造舒适的室内居住环境。

3. 扩大室内的使用空间

与内保温相比，采用外墙外保温使每户使用面积约增加 1.3 ~1.8m^2。

4. 便于丰富外立面

在施工外保温的同时，还可以利用聚苯板做成凹进或凸出墙面的线条及其他各种形状的装饰物，不仅施工方便，而且丰富了建筑物外立面。

（二）不同外墙保温系统对比

不同外墙保温系统对比如表 3-2 所示。

表 3-2　不同外墙保温系统对比

比较项目	胶粉聚苯颗粒浆料体系	EPS 贴板体系	XPS 贴板体系	聚氨酯硬泡喷涂体系
适用墙体	各种墙体	各种墙体	各种墙体	各种墙体
施工可控性	差	好	好	差
冷热桥效应	无	无	有	无
抗裂性	好	一般	差	好
面层荷载 kg/m^2	≤60	≤20	≤35	≤60
抗风压	无空腔，抗风压能力强	小空腔体系，能满足抗风压要求	小空腔体系，能满足抗风压要求	无空腔，抗风压能力强
导热系数 w/m · k	≤0.059	≤0.042	≤0.030	0.025
蓄热系数 w/m · k	0.964	0.36	0.36	0.36
防火性能	难燃 B1 级	阻燃 B1 级	阻燃 B1 级	难自熄性材料
防水性	好	好	好	很好
透气性	好	好	差	一般
抗冲击性	好	差，底层网格布加强	一般	很好
达到相同保温效果造价	50 元/m^2	70 元/m^2	90 元/m^2	120 元/m^2

二、高效门窗系统与构造技术

外窗保温系统包括以下三部分：断桥铝合金窗框；中空玻璃；窗框与窗洞口连接断桥

节点处理技术。

外窗安装断桥铝合金中空玻璃窗户，同时通过改善窗户制作安装精度、加安密封条等办法，减少空气渗漏和冷风渗透耗热。

采用高性能门窗，玻璃的性能至关重要。高性能玻璃产品比普通中空玻璃的保温隔热性能高出一到数倍，如表3-3所示。

表3-3　各类玻璃的传热对比

玻璃类型	空气层宽度(mm)	传热系数 k(w/m^2h)	传热阻 R(w/m^2h)
普通单层玻璃	—	5.9	0.619
普通双层中空玻璃	6	3.4	0.294
	9	3.1	0.3
	12	3	0.333
热反射中空玻璃	6	2.5	0.4
	12	1.8	0.555
三层玻璃中空玻璃	2×9	2.2	0.454
	2×12	1.1	0.467
LOW-E 中空玻璃	12	1.6	0.625

三、热桥阻断构造技术

热桥是热量传递的捷径，不但造成相当的冷热量损失，而且会有局部结露现象，特别是在建筑外墙、外窗等系统保温隔热性能大幅度改善之后，问题越发突出。

因此，在设计施工时，应当对诸如窗洞、阳台板、突出圈梁及构造柱等位置采用一定的保温方式，将其热桥阻断，达到较好的保温节能效果并增加舒适度。

热桥阻断技术在国外已得到广泛的应用，并有不少的成熟产品，如消除阳台楼板冷桥构造，德国已有非常成熟的产品，如“钢筋/绝缘保温材埋件”等。这种产品在施工中埋入混凝土楼板，施工简便，效果非常好。国内完全有能力开发这类产品，也会有很好的市场反应。

四、遮阳系统

（一）外遮阳设施

外遮阳是最有效的遮阳设施，它直接将80%的太阳辐射热量遮挡于室外，有效地降低了空调负荷，节约了能量。结合建筑形式，在南向及西向安装一定形式的可调外遮阳，随使用情况进行调节，这样既能满足夏季遮阳的要求，又不影响采光及冬季日照要求。另外，可进一步安装光、温感元件及电动执行机构以实现智能化的全自动控制，在室内无人的情况下也可根据室内外温度及日照强度自动调节遮阳设施，以降低太阳辐射的影响，节约能源。

外遮阳系统中较传统的为卷帘外遮阳系统，在夏天日照强烈的时候将卷帘放下，可以有效遮挡阳光。目前较为先进的是由钢化玻璃（冰花玻璃）构成的外遮阳系统。

1．外遮阳系统结构（由外向内）

（1）12mm厚可滑动半透明钢化玻璃推拉遮阳镶嵌板。

（2）空气层。

（3）外墙涂料、保温及结构。

（4）外窗系统。

2．钢化玻璃与中空玻璃的搭配效益

中空玻璃的特点就是允许日光携带的能量进入室内，但是室内的热量不会发散到室外，这一点对冬天极为有利，夏天则会出现室温过高的问题。当阳光照射到钢化玻璃表面的磨砂纹路上时会形成漫反射，热量随之被阻挡到室外。钢化玻璃与中空玻璃搭配使夏天绝大部分阳光热量被隔绝在室外，解决日晒的困扰。冰花玻璃和中空玻璃的配合使用，不仅可以起到很好的遮阳效果，还可以最大限度地减弱室外噪声影响。

（二）内遮阳设施

相对于外遮阳，内遮阳设施对太阳辐射的遮挡效果较弱，但对于居住建筑而言，不论从私密性角度还是防眩光角度考虑都是很有用的。同时其对于改善室内舒适度，降低空调负荷及美化室内环境都有一定的作用。

五、"房屋呼吸"系统

（一）住宅生态通风技术与"房屋呼吸"的概念

目前，欧洲采用的住宅动力通风系统主要有两种。一种是门窗+厨卫排风扇的通风系统。这一种系统造价便宜，安装简单；缺点是噪声干扰，通风效果不理想。另一种是外墙进风设备+卫生间出风口+屋顶排风扇的通风系统。该系统在过滤空气、降低噪声的同时，科学合理地保证了室内通风量，排出卫生间潮湿污浊空气，噪声干扰小。

（二）工作原理和作用

取自高空的新鲜空气，经过滤、除尘、灭菌、加热/降温、加湿/除湿等处理过程，以每秒0.3m的低速，从房间底部送风口不间断送出，低于室温2℃的新风，在地面形成新风潮，层层叠加，缓缓上升，带走室内污浊气体，最后，经由排气孔排出。

有效调节室内空气湿度，使居室时刻保持干爽、舒适的状态，对夏季潮湿的空气有很强的除湿作用，不用开窗即可获得新鲜空气，减少室内热损失，节省能源，还可驱除室内装饰造成的可能长时间存在的有害气体。

（三）新风系统三大原则

原则一：定义通风路径。

新风从空气较洁净区域进入，由污浊出口排出。一般污浊空气从浴室、卫生间及厨房排出，而新鲜空气则从起居室、卧室等区域送入。

原则二：定义通风风量。

以满足人们日常工作、休息时所需的新鲜空气量。按国家通风规范，每人每小时必须保证30m³。

原则三：定义通风时间。

保证新风的连续性，一年365天，一天24小时连续不间断通风。

六、绿色屋面系统

在这方面，国外已有成熟的绿色屋面技术，适宜不同条件、不同植物的生长构造。例如在通常条件下，可种植一些易成活、成本低、无须管理的植物，如草类、苔藓类植物；或种植观赏效果好、须定期维护且对土壤厚度要求较高的植物，使其随季节变化形成不同的景观效果。这一构造，一方面要满足植物生长的不同要求，解决蓄水和通风问题；同时该技术构造必须保证建筑顶部防水层不受植物根系的破坏，从而提高居住的舒适性。

七、屋面雨水系统

虹吸式雨水系统是当今国际上较为先进的屋面排放系统，该系统诞生至今已经有20多年的历史，它被广泛应用于各种复杂的屋面工程中。虹吸式雨水系统是利用不同高度的势能差，使得管道系统内部局部产生真空，从而通过虹吸作用达到快速排放雨水的目的。

八、小区智能化系统

小区智能化系统的“一、二、三”：一个平台：小区智能化系统集成管理网络平台。二个基础：控制网络和信息网络。三个分支：安全防范系统、设备管理系统和信息管理系统。

住宅小区智能化系统是先进、有发展、有后援，能满足并适应住户需求的技术，其应用成熟可靠，具有易集成、扩展、操作、维修的优点；同时，它本着尽可能降低系统整体造价的原则，通过计算机网络等相关技术，实现各子系统的设备、功能和信息的管理集成。这是一个互相关联、统一和协调的系统，系统资源达到充分共享，以减少资源的浪费和硬件设备的重复投入，实现真正意义上的方便、安全、实用、可靠。

九、天棚采暖制冷系统

将高性能工程塑料管铺设在混凝土楼板内，冬天采暖进水水温33℃，回水30℃，夏天制冷进水18℃，回水温度21℃，通过冷热水的控温，夏天制冷，冬天采暖，室内温度恒定在20~26℃。

冬天楼板会均匀地散发出28~29℃的热量，室内的温度使人们觉得温暖舒适，人体的温度为37℃左右，所以不会有烘烤的感觉；夏天楼板温度19~24℃，可以把室内过多的热量带走。

人和环境的热交换方式以辐射形式所占比例最大，并且约一半的热量从头部散发。天棚采暖系统以顶部辐射的形式进行采暖和制冷，比普通方式更健康、舒适、有效。

天棚采暖制冷系统具有很多优势：①冬夏两用实现采暖和制冷。②系统材料的寿命与建筑寿命一样长久。③不依靠室外机箱，不会破坏建筑外观。④冷热交换的媒质为水，绿色环保。⑤辐射散发的温度调节方式，无风感、无气流感。⑥系统自身能自动调节室内温度。⑦采暖制冷与新风置换系统完全分离，健康而高效。⑧辐射采暖和制冷效率高，温度均匀。⑨从上至下的辐射方式更舒适。⑩不占用室内有效使用面积。⑪系统设置在顶棚混凝土，不占用室内空间。⑫辐射温度低于人体皮肤温度，不会有烘烤的感觉。

十、太阳能系统

对太阳能的利用总体上可分为两类：太阳能集热板集热及太阳能光伏发电。太阳能集热板集热技术较为成熟，设备材料价格也不贵，应用较为广泛。

十一、地源热泵系统

地源耦合热泵机组可作为空调系统，冬季供热，夏季供冷，并同时提供生活热水。它就是利用地下土壤、岩石及地下水温度相对稳定的特性，输入少量的高品位能源（如电能），通过埋藏于地下的管路系统与土壤、岩石及地下水进行热交换：夏季，通过对室内制冷将建筑物内的热量搬运出来，一部分用于提供免费生活用热，其余换热到地下储藏起来；冬季把地下储藏的低品位热能通过热泵搬运出来，实现对建筑物供热及提供生活热水。

地源耦合热泵的能耗很低，仅为常规系统能耗的25%～35%，它由水循环系统、热交换器、地源热泵机组、空调末端及控制系统组成。

十二、热电冷联产系统

热电冷联产是采用燃煤或燃气产生一次蒸汽，进而利用汽轮机发电，来提供电力，同时充分回收其排放的低品位废热即中高温二次蒸汽及高温烟气来提供生活用热、冬季供暖以及为单效或双效溴化锂制冷机提供动力，夏季供冷，从而实现冷、热、电联产。热电冷联产的效率较高，大型火力发电厂实际运行效率只有36%左右，而冷热电联产项目的实际运行效率可达60%～80%。

十三、变风量空调系统

变风量系统是由变频中央空调系统配以变风量（VAV）末端设备组成，是一种高舒适度、低能耗的空调系统。

变风量系统比常规系统具有以下相当多的优点：①系统中的能耗设备均可进行变频调节能量输出，即使在较低负荷的情况下，也能通过变频调节而工作，在较高的效率下，节约大量能源。②系统中各个房间可独立起停及调节温度，并且互不影响，给使用者创造了极高的舒适度。③变频技术在建筑物空调负荷需求发生变化时（如室内人员、室外温度、太阳辐射强度的变化），通过对冷水机组、水泵、风机等设备进行变频调节，降低能量输出，适应负荷需求。其整体节能效果可达到30%～40%。

十四、浮筑楼板技术

为解决楼板撞击传声产生的噪声，德国住宅地面普遍采用“浮筑楼板”构造（Schwimmende Estrich）。即在结构楼板上铺设一层绝缘隔声材料，上面再浇筑6~200px的混凝土砂浆层，这层楼板好像浮在绝缘层上，与楼板及四周墙体分离，从而达到极好的隔音效果。

十五、中水利用系统

中水处理系统就是将生活废水、冷却水、已达标排放的生产污水等水源，经物化或生化处理，达到国家《生活杂用水水质标准》，然后再回用于厕所冲洗、灌溉草坪、洗车、工业循环水及扫除用水等。充分利用有限的水资源，替换出等量的自来水，又减轻了城市污水处理厂的运行负荷，是利国利民造福后代的善举。

十六、排水噪声处理系统

一般房屋传入室内的噪声有以下几类：①室外的噪声，透过外墙和窗户传入室内；②楼上活动透过楼板传入楼下室内的噪声；③下水管道流水撞击管壁产生的噪声。

解决方案：①外遮阳系统和外窗系统可有效阻隔室外噪音；②楼板垫层下加隔音垫，防止楼上传入室内的噪声；③排水噪声处理系统：同层排水和隔层排水系统。

同层排水系统来源于欧洲，至今已有四五十年的历史，虽然该系统进入中国市场不久，但发展迅速，在北京、上海及广东地区都有较多应用。隔层排水中排水支管穿过楼板，在下层住户的天花板上与立管相连。这里主要介绍同层排水系统。

同层排水：同楼层的排水支管与主排水支管均不穿越楼板，在同楼层内连接到主排水立管上。系统组成：HDPE 管道系统；隐蔽式系统安装组件；与同层排水相配套的卫生器具；存水弯。同层排水的优势：与传统的隔层排水系统相比，同层排水系统具有下列优势：

隔音：采用墙前安装方式，假墙能起到隔音和增强视觉效果的作用。

独立：在卫生间，管道不穿越楼板，享受真正的产权独立，即使维修也无须跨层修理。

自由：房型设计和室内空间布置更加灵活，只须调整排水支管，就可实现个性化装修。

节水：采用内表面光滑的 HDPE 管道及独特的水箱设计，提高了系统的排水效果，实现真正的节水功能。

经济：采用同层排水技术，大大减少系统的力管、支管及配件数量，材料与施工较少，性价比高。

连接可靠：选用的PE管道采用热熔连接，不但连接强度高，而且杜绝泄漏问题，保证安全使用50年。

十七、中央除尘系统

中央除尘系统的概念就是主机和吸尘区分离，并将过滤后的空气排到室外。这样不仅解决了室内卫生不良状况，还杜绝了除尘之后的二次污染。

中央除尘系统是将吸尘主机放置在一个卫生要求较低的场所，如地下设备层、车库、清理间等，将吸尘管道嵌至墙里，在墙外只留如普通电源插座大小的破尘插口。当需要清理时只须将一根软管插入吸尘口，此时系统自动启动主机开关，全部大小灰尘、纸屑、烟头、有害微生物，甚至客房中的烟味等不良气味，都经过严格密封的管道传送到中央收集站。任何人、任何时间都可以进行全部或局部清洁，确保了清洁的室内环境。

中央除尘系统的清洁处理能力是一般吸尘器的五倍，而软管长度可任意选配。该类系统在欧美国家已是必配系统，在国内已有很多项目在使用。

第四章 绿色建筑工程施工技术

建筑工程施工是一项复杂的系统工程，施工过程中所投入的材料、制品、机械设备、施工工具等数量巨大，且施工过程受工程项目所在地区气候、环境、文化等外界因素的影响，因此，施工过程对环境造成的负面影响呈现出多样化、复杂化的特点。为便于施工过程的绿色管理，以普遍性施工过程为分析对象，从建筑工程施工的分部分项工程出发，以绿色施工所提出的“四节一环保”为基本标准，通过对各分部分项工程的施工方法、施工工艺、施工机械设备、建筑材料等方面分析，对施工中的“非绿色”因素进行识别，并提出改进和控制环境负面影响的针对性措施，以为施工组织与管理提供参考，为绿色施工标准化管理方法的制定提供依据。

第一节 地基与基础工程施工技术

一、地基与基础工程绿色施工简介

基础工程施工一般规定桩基施工应选用低噪、环保、节能、高效的机械设备和工艺，如采用螺旋、静压、喷式等成桩工艺，以减少噪声、振动、大气污染等对周边环境的影响。地基与基础工程施工时，应识别场地内及周边现有的自然、文化和建（构）筑物特征，并采取相应保护措施。场内发现文物时，应立即停止施工，派专人看管，并通知当地文物主管部门。应根据气候特征选择施工方法、施工机械，安排施工顺序，布置施工场地基础工程涉及的混凝土结构、钢结构、砌体结构工程应按主体结构工程的有关要求，如现场土、料存放应采取加盖或植被覆盖措施，土方、渣土装卸车和运输车应有防止遗撒和扬尘的措施。对施工过程产生的泥浆应设置专门的泥浆池或泥浆罐车存储。

土石方工程开挖前应进行挖、填方的平衡计算，在土石方场内应有效利用、运距最短和工序衔接紧密。工程渣土应分类堆放和运输，其再生利用应符合现行国家标准《工程施工废弃物再生利用技术规范》的规定。土石方工程开挖宜采用逆作法或半逆作法进行施工，施工中应采取通风和降温等改善地下工程作业条件的措施。在受污染的场地进行施工时，应对土质进行专项检测和治理。土石方工程爆破施工前，应进行爆破方案的编制和评审；应采取防尘和飞石控制措施。防尘和飞石控制措施包括清理积尘、淋湿地面、外设高压喷雾状水系统、设置防尘排栅和直升机投水弹等。4 级风以上天气，严禁土石方工程爆破施工作业。

在桩基工程中，成桩工艺应根据桩的类型、使用功能、土层特性、地下水位、施工机械、施工环境、施工经验、制桩材料供应条件等，按安全适用、经济合理的原则选择。混凝土灌注桩施工应符合下列规定：灌注桩采用泥浆护壁成孔时，应采取导流沟和泥浆池等排浆及储浆措施，施工现场应设置专用泥浆池，并及时清理沉淀的废渣。工程桩不宜采用人工挖孔成桩，当特殊情况采用时，应采取护壁、通风和防坠落措施。在城区或人口密集地区施工混凝土预制桩和钢桩时，宜采用静压沉桩工艺。静力压装宜选择液压式和绳索式压桩工艺。工程桩桩顶剔除部分的再生利用应符合现行国家标准《工程施工废弃物再生利用技术规范》的规定。

地基处理工程换填法施工应符合下列规定：①回填土施工应采取防止扬尘的措施，4 级风以上天气严禁回填土施工。施工间歇时应对回填土进行覆盖。②当采用砂石料作为回填材料时，宜采用振动碾压。③灰土过筛施工应采取避风措施。④开挖原土的土质不适宜回填时，应采取土质改良措施后加以利用。如对具有膨胀性土质地区的土方回填，可在膨胀土中掺入石灰、水泥或其他固化材料，令其满足回填土土质要求，从而减少土方外运，保护土地资源。

地基处理工程在城区或人口密集地区，不宜使用强夯法施工。高压喷射注浆法施工的浆液应有专用容器存放，置换出的废浆应收集清理。采用砂石回填时，砂石填充料应保持湿润。基坑支护结构采用锚杆（锚索）时，宜采用可拆式锚杆。喷射混凝土施工宜采用湿喷或水泥裹砂喷射工艺，并采取防尘措施。喷射混凝土作业区的粉尘浓度不应大于 10 mg/m^3，喷射混凝土作业人员应佩戴防尘用具。

在地下水控制方面，基坑降水宜采用基坑封闭降水方法。施工降水应遵循保护优先、合理抽取、抽水有偿、综合利用的原则，宜采用连续墙、“护坡桩+桩间旋喷桩”“水泥土桩+型钢”等全封闭帷幕隔水施工方法，隔断地下水进入基坑施工区域。基坑施工排出的地下水应加以利用。基坑施工排出的地下水可用于冲洗、降尘、绿化、养护混凝土等。采用井点降水施工时，轻型井点降水应根据土层渗透系数合理确定降水深度、井点间距和井点管长度；地下水位与作业面高差宜控制在 250 mm 以内，并应根据施工进度进行水位自动控制；在满足施工需要的前提下，尽量减少地下水抽取。当无法采用基坑封闭降水，且基坑抽水对周围环境可能造成不良影响时，应采用对地下水无污染的回灌方法。

二、地基与基础工程绿色施工综合技术

（一）深基坑双排桩加旋喷锚桩支护的绿色施工技术

1．双排桩加旋喷锚桩技术适用条件

双排桩加旋喷锚桩基坑支护方案的选定须综合考虑工程的特点和周边的环境要求，在满足地下室结构施工以及确保周边建筑安全可靠的前提下尽可能做到经济合理，其适用于如下情况：①基坑开挖面积大，周长长，形状较规则，空间效应非常明显，尤其应慎防侧壁中段变形过大。②基坑开挖深度较深，周边条件各不相同，差异较大，有的侧壁比较空旷，有的侧壁条件较复杂；基坑设计应根据不同的周边环境及地质条件进行设计，以实现“安全、经济、科学”的设计目标。③基坑开挖范围内如基坑中下部及底部存在粉土、粉砂层，一旦发生流砂，基坑稳定将受到影响。

2．双排桩加旋喷锚桩支护技术

（1）钻孔灌注桩结合水平内支撑支护技术

水平内支撑的布置可采用东西对撑并结合角撑的形式布置，该技术方案对周边环境影响较小，但该方案有两个不利问题：一是没有施工场地，考虑工程施工场地太过紧张因素，若按该技术方案实施则基坑无法分块施工，周边安排好办公区、临时道路等基本临设后，已无任何施工场地；二是施工工期延长，内支撑的浇筑、养护、土方开挖及后期拆撑等施工工序均增加施工周期，建设单位无法接受。

（2）单排钻孔灌注桩结合多道旋喷锚桩支护技术

锚杆体系除常规锚杆外，还有一种比较新型的锚杆形式叫加筋水泥土锚桩。加筋水泥土是指插入加劲体的水泥土，加劲体可采用金属的或非金属的材料。该桩锚采用专门机具施作，直径为200～1000 mm，可为水平向、斜向或竖向的等截面、变截面或有扩大头的锚桩体。加筋水泥土锚桩支护是一种有效的土体支护与加固技术，其特点是钻孔、注浆、搅拌和加筋一次完成，适用于砂土、黏性土、粉土、杂填土、黄土、淤泥、淤泥质土等土层中的基坑支护和土体加固。加筋水泥土桩锚可有效解决粉土、粉砂中锚杆施工困难问题，且锚固体直径远大于常规锚杆锚固体直径，所以可提供的锚固力大于常规锚杆。该技术可根据建筑设计的后浇带的位置分块开挖施工，场地有足够的施工作业面，并且相比内支撑可节约一定的工程造价。该技术不利的一点是若采用单排钻孔灌注桩结合多道旋喷锚桩支护形式，加筋水泥土锚桩下层土开挖时，上层的斜锚桩必须有14天以上的养护时间并已张拉锁定，多道旋喷锚桩的施工对土方开挖及整个地下工程施工会造成一定的工期影

响。

(3) 双排钻孔灌注桩结合一道旋喷锚桩支护技术

为满足建设单位的工期要求，须减少锚桩道数，但锚桩道数减少势必会减少支点，引起围护桩变形及内力过大，对基坑侧壁安全造成较大的影响。双排桩支护形成前后排桩拉开一定距离，各自分担部分土压力，两排桩桩顶通过刚度较大的压顶梁连接，由刚性冠梁与前后排桩组成一个空间超静定结构，整体刚度很大，加上前后排桩形成与侧压力反向作用力偶的原因，使双排桩支护结构位移相比单排悬臂桩支护体系而言明显减少，但纯粹双排桩悬臂支护形式相比锚桩支护体系变形较大，且对于深 11 m 的基坑很难有安全保证。

综合考虑，为了既加快工期又保证基坑侧壁安全，采用双排钻孔灌注桩结合道旋喷锚桩的组合支护形式。

(二) 基坑支护设计技术

1. 深基坑支护设计计算

双排钻孔灌注桩结合一道旋喷锚桩的组合支护形式是一种新型的支护形式，目前该类支护形式的计算理论尚不成熟，根据理论计算结果，结合等效刚度法和分配土压力法进行复核计算，以确保基坑安全。

(1) 等效刚度法设计计算

等效刚度法理论基于抗弯刚度等效原则，将双排桩支护体系等效为刚度较大的连续墙，这样双排桩+锚桩支护体系就等效为连续墙+锚桩的支护形式，采用弹性支点法计算出锚桩所受拉力。例如，前排桩直径 0.8m，桩间净距 0.7 m，后排桩直径 0.7 m，桩间净距 0.8 m，桩间土宽度 1.25 m，前后排桩弹性模量为 $3\times10^4 N/m^2$。经计算，可等效为 2.12 m 宽连续墙，该计算方法的缺点在于没能将前后排桩分开考虑，因此无法计算前后排桩各自的内力。

(2) 分配土压力法设计计算

根据土压力分配理论，前后排桩各自分担部分土压力，将土压力分别分配到前后排桩上，则前排桩可等效为围护桩结合一道旋喷锚桩的支护形式，按锚桩支护体系单独计算。后排桩通过刚性压顶梁与前排桩连接，因此，后排桩桩顶有一个支点，可按围护桩结合一道支撑计算。该方法可分别计算出前后排桩的内力，弥补等效刚度法计算的不足，基坑前后排桩排距 2m，根据计算可知，前（后）排桩分担土压力系数为 0.5。

通过以上两种方法对理论计算结果进行校核，得到最终的计算结果，进行围护桩的配筋与旋喷锚桩的设计。

(3) 基坑支护设计

基坑支护采用上部放坡2.3 m花管土钉墙，前后排排距2m，双排桩布置形式采用矩形布置，灌注桩及压顶冠梁与连梁混凝土设计强度等级均为C30地下水的处理方案。

在双排钻孔灌注桩顶用刚性冠梁连接，由冠梁与前后排桩组成一个空间门架式结构体系，这种结构具有较大的侧向刚度，可以有效地限制支护结构的侧向变形，冠梁须具有足够的强度和刚度。

（4）支护体系的内力变形分析

基坑开挖必然会引起支护结构变形和坑外土体位移，在支护结构设计中预估基坑开挖对环境的影响程度并采取相应措施，能够为施工安全和环境保护提供理论指导。

2. 基坑支护绿色施工技术

（1）钻孔灌注桩绿色施工技术

基坑钻孔灌注桩混凝土强度等级为水下C30，压顶冠梁混凝土等级C30，灌注桩保护层为50 mm；冠梁及连梁结构保护层厚度30 mm；灌注桩沉渣厚度不超过100 mm，桩位偏差不大于100 mm，桩径偏差不大于50 mm，桩身垂直度偏差不大于1200 mm。钢筋笼制作应仔细按照设计图纸避免放样错误，并同时满足国家相关规范要求。灌注桩钢筋采用焊接接头，单面焊10 d，双面焊5d，同一截面接头不大于50%，接头间相互错开35 d，坑底上下各2 m范围内不得有钢筋接头。为保证粉土、粉砂层成桩质量，施工时应根据地质情况采取优质泥浆护壁成孔、调整钻进速度和钻头转速等措施，或通过成孔试验确保围护桩跳打成功。

灌注桩施工时应严格控制钢筋笼制作质量和钢筋笼的标高，钢筋笼全部安装入孔后，应检查安装位置特别是钢筋笼在坑内侧和外侧配筋的差别，确认符合要求后，将钢筋笼吊筋进行固定，固定必须牢固、有效。混凝土灌注过程中应防止钢筋笼上浮和低于设计标高。因为本工程桩顶标高负于地面较多，桩顶标高不容易控制，灌注过程将近结束时安排专人测量导管内混凝土面标高，防止桩顶标高过低造成烂桩头或灌注过高造成不必要的浪费。

（2）旋喷锚桩绿色施工技术

基坑支护设计加筋水泥土锚桩采用旋喷桩，考虑到对周边环境保护等的重要性，施工的机具为专用机具——慢速搅拌中低压旋喷机具，该钻机的最大搅拌旋喷直径达1.5 m，最大施工深度达35 m，须搅拌旋喷直径为500 mm，施工深度为24 m。旋喷锚桩施工应与土方开挖紧密配合，正式施工前应先开挖按锚桩设计标高为准，低于标高面向下300 mm左右、宽度为不小于6 m的锚桩沟槽工作面。

旋喷锚桩施工应采用钻进、注浆、搅拌、插筋的方法。水泥浆采用42.5级普通硅酸盐水泥，水泥掺入量20%，水灰比0.7（可视现场土层情况适当调整），水泥浆应拌和均匀随拌随用，一次拌和的水泥浆应在初凝前用完。旋喷搅拌的压力为 29 MPa，旋喷喷杆提升速度为 20 ~ 25cm/min，直至浆液溢出孔外，旋喷注浆应保证扩大头的尺寸和锚桩的设计长度。锚筋采用 3 或 4 根 φ15.2 预应力钢绞线制作，每根钢绞线抗拉强度标准值为 1860 MPa，每根钢绞线由 7 根钢丝铰合而成，桩外留 0.7 m 以便张拉。钢绞线穿过压顶冠梁时自由段钢绞线与土层内斜拉锚杆要成一条直线，自由段部位钢绞线须加塑料套管，并做防锈、防腐处理。

压顶冠梁及旋喷桩强度达到设计强度 75% 后用锚具锁定钢绞线，锚具采用 OVM 系列，锚具和夹具应符合《预应力筋用锚具、夹具和连接器应用技术规程》，张拉采用高压油泵和 100t 穿心千斤顶。

正式张拉前先用 20% 锁定荷载预张拉两次，再以 50%、100% 的锁定荷载分级张拉，然后超张拉至 110% 设计荷载，在超张拉荷载下保持 5 min，观测锚头无位移现象后再按锁定荷载锁定，锁定拉力为内力设计值的 60%。锚桩的张拉，其目的就是要通过张拉设备使锚桩自由段产生弹性变形，从而对锚固结构施加所需的预应力值，在张拉过程中应注重张拉设备选择、标定、安装、张拉荷载分级、锁定荷载以及量测精度等方面的质量控制。

（三）地下水处理的绿色施工技术

1. 三轴搅拌桩全封闭止水技术

基坑侧壁采用三轴深层搅拌桩全封闭止水，复合水泥、水灰比 1∶3，桩径 850 mm，搭接长度 250 mm，水泥掺量 20%，28 d 抗压强度不小于 1.0 MPa，坑底加固水泥掺量 12%。三轴搅拌施工按顺序进行，保证桩与桩之间充分搭接以达到止水作用，施工前做好桩机定位工作，桩机立柱导向架垂直度偏差不大于 1/250。相邻搅拌桩搭接时间不大于 15 h，因故搁置超过 2 h 以上的拌制浆液不得再用。

三轴搅拌桩在下沉和提升过程中均应注入水泥浆液，同时严格控制下沉和提升速度。根据设计要求和有关技术资料规定，搅拌下沉速度宜控制在 0.5 m/min，提升速度宜控制在 1 ~ 1.5 m/min，但粉土、粉砂层提升速度应控制在 0.5 m/min 以内，并视不同土层实际情况控制提升速度。若基坑工程相对较大，三轴水泥土搅拌桩不能保证连续施工，在施工中会遇到搅拌桩的搭接问题，为了保证基坑的止水效果，在搅拌桩搭接的部位采用双管高压旋喷桩进行冷缝处理，高压旋喷桩桩径 600 mm，桩底标高和止水帷幕一样，桩间距 350 mm。

2. 坑内管井降水技术

基坑内地下水采用管井降水，内径 400 mm，间距约 20 m。管井降水设施在基坑挖土前布置完毕，并进行预抽水，以保证有充足的时间、最大限度降低土层内的地下潜水，以及降低微承压水头，保证基坑边坡的稳定性。

管井施工工艺流程：井管定位→钻孔、清孔→吊放井管→回填滤料、洗井→安装深井降水装置→调试→预降水→随挖土进程分节拆除井管，管井顶标高应高于挖土面标高 2 m 左右→降水至坑底以下 1 m→坑内布置盲沟，坑内管井由盲沟串联成一体，坑内管井管线由垫层下盲沟接出排至坑外→基础筏板混凝土达到设计强度后根据地下水位情况暂停部分坑中管井的降排水→地下室坑外回填完成→停止坑边管井的降水→退场。

管井的定位采用极坐标法精确定位，避开桩位，并避开主要挖土运输通道位置，严格做好管井的布置质量以保证管井抽水效果，管井抽水潜水泵的采用根据水位自动控制。

第二节　主体结构工程施工技术

主体结构工程即指建筑主体结构部分，对于一般性建筑工程，主体结构工程主要包括：混凝土结构工程、钢结构工程、复合桁架工程等。主体结构工程是建筑工程施工中最重要的分部工程。在我国现行的绿色施工评价体系中，主体结构工程所占的评分权重是最高的。

一、混凝土结构工程施工技术

以放疗室、防辐射室为代表的一类大体积混凝土结构对采用绿色施工技术来提高质量是非常必要的，包括顶、墙和地三界面全封一体化大壁厚、大体积混凝土整体施工，其关键在于基于实际尺寸构造的柱、梁、墙与板交叉节点的支模技术，设置分层、分向浇筑的无缝作业工艺技术，且考虑不同部位的分层厚度及其新老混凝土截面的处理问题，同时考虑为保证浇筑连续性而灵活随机设置预留缝的技术，混凝土浇筑过程中实时温控及全过程养护实施技术，以上绿色施工综合技术的全面、连续、综合应用可保证工程质量，是满足绿色施工特殊使用功能要求的必然选择。

（一）混凝土结构绿色施工综合技术的特点

大体积混凝土绿色施工综合技术的特点主要体现在以下几点：①采用面向顶、墙、地三个界面不同构造尺寸特征的整体分层、分向连续交叉浇筑的施工方法和全过程的精细化温控与养护技术，解决了大壁厚混凝土易开裂的问题，较传统的施工方法可大幅度提升工程质量及抗辐射能力；②采取一个方向全面分层、逐层到顶的连续交叉浇筑顺序，浇筑层的设置厚度以 450 mm 为临界，重点控制底板厚度变异处质量，设置成 A 类质量控制点；

③采取柱、梁、墙板节点的参数化支模技术，精细化处理节点构造质量，可保证大壁厚顶、墙和地全封闭一体化防辐射室结构的质量；④采取设置紧急状态下随机设置施工缝的措施，且同步铺不大于 30 mm 的同配比无石子砂浆，可保证混凝土接触处强度和抗渗指标。

（二）混凝土结构绿色施工技术要点

1. 底板施工要点

橡胶止水带施工时先做一条 100 mm×100 mm 的橡胶止水带，可避免混凝土浇筑时模板与垫层面的漏浆、泛浆。考虑厚底板钢筋过于密集，快易收口网需要一层层分步安装、绑扎，为保证此部位模板的整体性，单片快易收口网高度为 3 倍钢筋直径，下片在内，上片在外，最底片塞缝带内侧。为增大快易收口网的整体性与其刚度，安装后在结构钢筋部位的快易收口网外侧（后浇带一侧）附一根直径为 12 mm 的钢筋与其绑扎固定，厚底板采用分层连续交叉浇筑施工，特别是在厚度变异处，每层浇筑厚度控制在 400 mm，模板缝隙和孔洞应保证严实。

2. 钢筋绑扎技术要点

厚墙体的钢筋绑扎时应保证水平筋位置准确，绑扎时先将下层伸出钢筋调直后再绑扎，解决下层钢筋伸出位移较大的问题，门洞口的加强筋位置，应在绑扎前根据洞口边线采用吊线找正方式，将加强筋的位置进行调整，以保证安装精度。大截面柱、大截面梁以及厚顶板的绑扎可依据常规规范进行。

（三）混凝土结构绿色施工工艺流程

混凝土结构绿色施工工艺流程如图 4-1 所示。

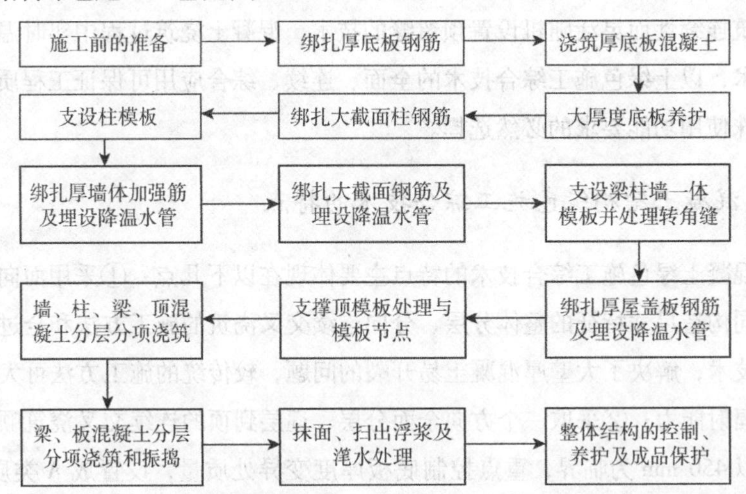

图4-1　混凝土结构绿色施工工艺流程

二、钢结构工程施工技术

（一）多层大截面十字钢柱施工技术

1 技术特点

采用现场分段吊装、焊接组装及设置临时操作平台的组合技术，解决了超长十字钢骨柱运输、就位的技术难题，通过合理划分施工段及施工组织，较整体安装做法大幅度提高了安全系数及质量合格率。通过二次调整的方式精确控制超长十字钢柱的垂直度，第一次采用水平尺对其垂直度进行调整，第二次在经纬仪的同步监测下依靠揽风绳进行微调，保证其安装精度。针对多层大截面十字钢柱的特点，在首层钢柱安装过程中通过浇筑混凝土强化钢柱与承台之间的一体化连接，保证足够的承载力。采用抗剪键与揽风绳共同作用的临时支撑系统，首层设置抗剪键使支撑系统简化，多层大截面十字钢柱的顶部和中部设置揽风绳柔性约束，刚性和柔性组合约束系统共同保证钢柱结构的稳定性及安全性。采用十字钢柱连接节点的精细化处理技术，第一层的焊道封住坡口内母材与垫板的连接处，逐道逐层累焊至填满坡口，清除焊渣和飞溅物并修补焊接缺陷，焊后进行100%检测以保证安装质量并处理好与紧后工序的接口。

2. 技术要点

钢柱按现场吊装的需要分批进场，每批进场的构件的编号及数量提前三天通知制作厂，钢柱临时堆放按平面布置的位置摆放在对应楼地面堆场，构件的堆放场地进行绿色施工综合技术及应用平整并保证道路通畅。

构件验收分两步进行，第一步进行厂内验收，构件运抵现场后再由现场专职质量员组织验收，验收合格后，第二步报监理验收，实物验收包括构件外观尺寸、焊缝外观质量、构件数量、栓钉数量及位置、孔位大小及位置、构件截面尺寸等。

资料验收包括原材料材质证明、出厂合格证、栓钉焊接检验报告、焊接工艺评定报告、焊缝检测报告等。对于构件存在的问题在制造厂修正，进行修正后方可运至现场施工。对于运输等原因出现的问题，要求制造厂在现场设立紧急维修小组，在最短的时间内将问题解决，以确保施工工期。

3. 工艺流程

多层大截面十字钢柱施工工艺流程如图4-2 所示。

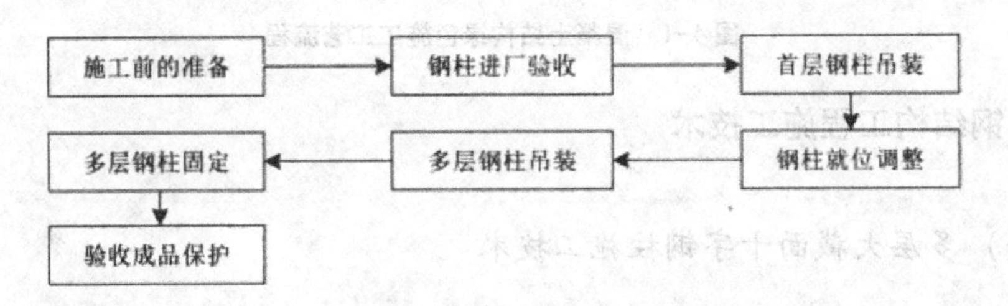

图4-2　多层大截面十字钢柱施工工艺流程

（二）预应力钢结构施工技术

1．技术特点

预应力钢结构施工工序复杂，实施以单拼桁架整体吊装为关键工作的模块化不间断施工工序，十字形钢柱及预应力钢桁架梁的精细化制作模块、大悬臂区域及其他区域的整体吊装及连接固定模块、预应力索的张拉力精确施加模块的实施是其连续、高质量施工的保证。大悬臂区域的施工采用局部逆作法的施工工艺，即先施工屋面大桁架，再悬挂部分梁柱，楼板先浇筑非悬臂区楼板和屋面，待预应力张拉完屋面桁架再浇筑悬臂区楼板，实现工程整体顺作法与局部逆作法的交叉结合，可有效利用间歇时间，加快施工进度。十字形钢骨架及预应力箱梁钢桁架按照参数化精确下料、采用组立机进行整体的机械化生产，实现局部大截面预应力构件在箱梁钢桁架内部的永久性支撑及封装，预应力结构翼缘、腹板的尺寸偏差均在2mm范围内，并对桁架预应力转换节点进行优化，形成张拉快捷方便，可有效降低预应力损失单榀大截面预应力钢架至标高33.3 m处，通过控制钢骨柱的位置精度，并在柱头下600 mm位置处用300号工字钢临时联系梁连接成刚性体以保证钢桁架的侧向稳定性。第一榀钢桁架就位后在钢桁架侧向用两道60 mm松紧螺栓来控制侧向失稳和定位；第二榀钢桁架就位后将这两榀之间的联系梁焊接形成稳定的刚性体，通过吊架位置、吊点以及吊装空间角度的控制实现吊装稳定。在拉索张拉控制施工过程中采用控制钢绞线内力及结构变形的双控工艺，并重点控制张拉点的钢绞线索力，桁架内侧上弦端钢绞线可在桁架上张拉，桁架内侧下弦端的张拉采用搭设2 m×2 m×3.5 m方形脚手架平台辅助完成张拉，根据施加预应力要求分为两个循环进行，第一循环完成索力目标的50%，第二次循环预应力张拉至目标索力。

2．技术要点

预应力钢骨架及索具的精细化制作技术要点。大跨度、大吨位预应力箱形钢骨架构件采用单元模块化拼装的整体制作技术，并通过结构内部封装施加局部预应力构件。预应力钢骨架的关键制作工序包括：精确下料与预拼、腹板及隔板坡口的精致制作、胎架的制作、高质量的焊接及检验、表面处理和预处理技术以及全过程的监督、检查和不合格品控制。在下料的过程中采用数控精密切割，对接坡口采用半自动精密切割且下料后进行二次矫平处理。腹板两长边采用刨边加工隔板及工艺隔板组装的加工，在组装前对四周进行铁边加工，以作为大跨箱形构件的内胎定位基准，并在箱形构件组装机上按T形盖部件上的结构定位组装横隔板，组装两侧T形腹板部件要求与横隔板、工艺隔板顶紧定位组装。

预应力钢桁架梁吊装及安装技术要点。梁进场后由质检技术人员检验钢梁的尺寸，且对变形部位予以修复。钢桁架梁吊装采用加挂铁扁担两绳四点法进行吊装。吊装过程中于两端系挂控制长绳，钢桁架梁吊起后缓慢起钩，吊到离地面200 mm时吊起暂停，检查吊索及塔机工作状态。检查合格后继续起吊，吊到钢桁架梁基本位后由钢桁架梁两侧靠近安装，在穿入高强螺栓前，钢桁架梁和钢柱连接部位必须先打入定位销，两端至少各两根，再进行高强螺栓的施工。高强螺栓不得强行穿入或穿入方向一致，要从中央向上下、两侧进行初拧，撤出定位销，穿入全部高强螺栓进行初拧、终拧；钢桁架梁在高强螺栓终拧后进行翼缘板的焊接，并在钢桁架梁与钢柱间焊接处采用6mm钢板做衬垫、用气体保护焊或电弧焊进行焊接。大悬臂区域对应的施工顺序是先施工屋面大桁架，再施工悬挂部分梁柱，楼板先浇筑非悬臂区楼板和屋面，待预应力张拉完，屋面桁架再浇筑悬臂区楼板。对于五层跨度及重量均较大的钢梁分段制作，钢梁的整榀重量在7～11.6 t不等，采用两台3 t的卷扬机，采取滑轮组装整体吊装。

钢桁架梁的平面组装要求E-H/8、9轴钢桁架梁，其组装在工作间屋顶面进行，组装前要搭设定宽度的支撑平台，高度结合工作间屋面高度14.80m，走道高度14.50m，北面挑檐高度15.0m，一并找平以便于钢梁连接；E-H/10、12轴钢桁架梁在二层平台拼装前须拆除二层所有障碍脚手架等。钢桁架梁拼装后焊接结点在下面的焊缝用托板待就位后补焊，10/E轴无柱节点支撑，吊装前应先吊装跨度最大的梁，其后组装吊装钢桁架梁支点，吊装前在钢桁架梁的上翼缘位置焊接一个10t标准吊耳。

吊装时要保证钢桁架的平衡以避免产生碰撞，悬挑梁应尽量放在吊机指定站位的作业半径内，钢桁架吊装立起时应选取合适的吊点以避免产生过大的变形，在确定吊点和进行钢丝绳配置时调整好吊装的空间角度且吊钩处于分段中心的正上方。在接口处设操作平台以保证施工安装并方便吊装，吊装对接时各分段之间应设置工装件以确保各梁柱的对口精度，且避免过大的焊接变形。钢桁架吊装时提前做好准备工作，就位时用两道60 mm松紧螺栓来调整左右角度和定位，用楔铁和千斤顶调整对接错口，其他高空安装的挂篮、钢爬梯、安全带等安全设施也一并安装好，和钢桁架一起吊装到位。钢桁架吊装就位对接焊时，先进行找正点焊牢固，以保证钢桁架的垂直度、轴线和标高符合图纸设计标准要求，焊接时两个焊工同时在悬挑梁同一立面进行对接焊。

3. 工艺流程

预应力钢结构施工工艺流程如图 4-3 所示。

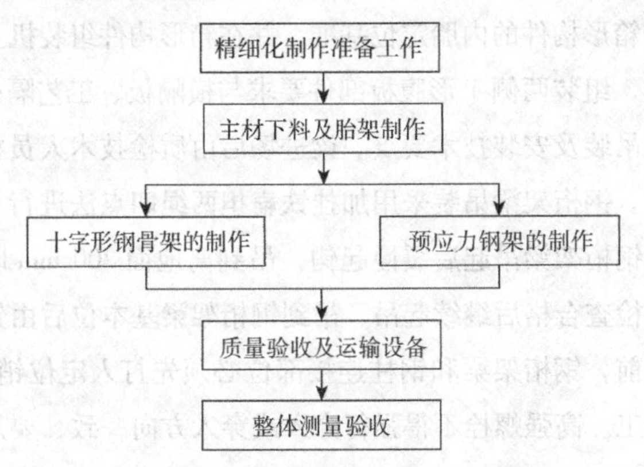

图 4-3　预应力钢结构施工工艺流程

三、复合桁架工程施工技术

复合桁架楼承板主要由带有加强筋补强加密的“几”字形钢筋桁架、型钢板、高性能混凝土面层以及临时支撑构件等组成。该楼承板体系具有承载力大、自重轻、保温隔热节能降噪性能好、稳定性与耐久性好等优势，复合桁架楼承板的安装在钢框架结构施工完成后进行，通过钢框架结构的预留螺栓固定压型钢底板，根据楼承板的最大跨度及构造特点设置临时支撑与永久支撑。在此基础上整体吊装经参数化制作完成的钢筋桁架，在预先设定的位置上进行初步密拼就位，在此基础上实现加强钢筋的交叉绑扎补强与点焊就位，在压型顶板安装前进行特殊构造的处理，最后浇筑高性能混凝土面层，并保证其黏结性与平整度。

（一）技术要点

针对复合桁架体系过多采用钢筋加肋、交错绑扎、加密布置等结构特点，施工过程中采用区域划分、同步作业、模块化安装、精细化后处理的组合施工技术，有效保证楼承板的各项质量指标。采用参数化下料与整体安装技术，精确计算不规格部分每块板的长度，避免长板短用和板型的交替使用，精密规则化的密铺技术保证了拼接位置的规整性，降低了楼承板后处理工序的难度。施工过程中采用对搭接部位的精确化控制技术，复合桁架楼承板与主梁平行铺设且镀锌钢板搭接到主梁上的尺寸为 30 mm，并将镀锌钢板与钢梁点焊固定，焊点间距为 300 mm，可有效防止漏浆现象。紧凑型复合桁架采用初步整体吊装固定与紧后钢筋加密补强相结合的组合工艺，大幅提升钢筋桁架体系的承载力与耐久性，采用临时支撑与永久支撑交叉使用的施工工艺，考虑混凝土浇捣顺序、堆放厚度及随机不确定因素的影响，在最大无支撑跨度的跨中位置设置临时支撑，局部加强点采用焊接永久支撑角钢，在高低跨衔接过渡处搭设钢管架并辅以顶托和方木进行可靠支撑，实现多类型、多接触支撑体系的联合应用。垂直于桁架方向的现场钢筋布置于桁架上弦钢筋的下方，在解决桁架与工字梁搭接的过程中设置找平点，以保证混凝土保护层的厚度及平整度。

（二）技术要点

1. 柱边处角钢安装

角钢在钢柱与钢筋桁架楼承板接触处设置，安装前对照钢筋桁架楼承板平面布置，检查到场角钢规格型号是否满足设计要求，而钢长度由钢柱截面尺寸确定，角钢安装前先刷漆，然后安装。在安装过程中先在钢柱上放好线来确定角钢的安装位置，然后将角钢焊接于钢柱上。柱混凝土与板混凝土一起浇筑的工况，楼承板直接搁在柱模上，柱边角钢可取消。

2. 钢筋桁架楼承板施工

施工前的准备要求：紧凑型钢筋桁架楼承板到达现场后将其搬运到各安装区域；先设施工用临时通道以保证施工方便及安全；准备简易操作工具，包括吊装用钢索及零部件和操作工人劳动保护用品等；在柱边等异形处设置角钢支撑件；放设钢筋桁架楼承板铺设时的基准线；对操作工人进行技术及安全交底并发作业指导书。为配合安装作业顺序，钢筋桁架楼承板铺设前应具备以下条件：隅撑及钢筋桁架楼承板下的支撑角钢安装完成；核心筒剪力墙上预埋件及预埋钢筋预埋完成；钢筋桁架楼承板构件进场并验收合格；钢梁表面吊耳清除、磨平、补漆。施工前对照图纸检查楼承板尺寸、钢筋桁架构造尺寸等是否满足设计要求。检查钢筋桁架楼承板的拉钩是否有变形，变形处用自制的矫正器械进行矫正；底模的平直部分和搭接边的平整度每米不应大于 1.5 mm。外观质量的检查，对于紧凑型桁架要求：焊点处熔化金属应均匀；每件成品的焊点脱落、漏焊数量不得超过焊点总数的 4%，且相邻的两焊点不得有漏焊或脱落；焊点应无裂纹、多孔性缺陷及明显的烧伤现象。对于钢筋桁架与底模的焊接要求每件成品焊点的烧穿数量不得超过焊点总数的 20%。

（三）工艺流程

复合桁架楼承板的安装按照流水作业、实时监控、动态调整的原则进行，其总的施工工艺流程如图 4-4 所示。

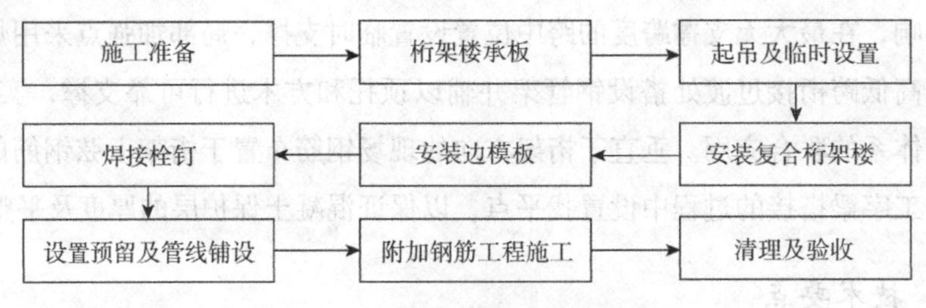

图 4-4　复合桁架楼承板总安装流程

第三节　装饰装修工程施工技术

一、呼吸式铝塑板

室内顶墙一体化呼吸式铝塑板饰面融国外先进设计理念与质量规范于一体，解决了普通铝塑板饰面效果单调、易于产生累计变形、特殊构造技术处理难度大的施工质量问题，创造性地赋予其通风换气的功能。通过在墙面及吊顶安装大截面经过特殊工艺处理的带有凹槽的龙骨，将德国进口带有小口径通气孔的大板块参数化设计的铝塑板，通过特殊的边缘坡口构造与龙骨相连接，借助特殊 U 形装置进行调节；同时通过起拱等特殊工艺实现对风口、消防管道、灯槽等特殊构造处的精细化处理，在中央空调的作用下实现室内空气的交换通风。

（一）技术特点

吸收并借鉴国外先进制作安装工艺，针对带有通气孔的大板块铝塑板采用嵌入式密拼技术，通过板块坡口构造与型钢龙骨的无间隙连接，实现室内空气的交换以及板块之间的密拼，密拼缝隙控制在 1 ~ 2mm 范围内，较传统 S 的做法精度提高 50% 以上。通过分块拼装、逐一固定调节，以及安装具备调节裕量的特殊 U 形装置消除累计变形，以保证荷载的传递及稳定性。根据大、中、小三种型号龙骨的空间排列构造，采用非平行间隔拼装顺序，基于铝塑装饰板的拉缝间隙进行分块弹线，从中间顺中龙骨方向开始先装排为基准，然后两侧分行同步安装，同时控制自攻螺钉间距 200 ~ 300 mm。考虑墙柱为砖砌体，在顶棚的标高位置沿墙和柱的四周，沿墙距 900 ~ 1200 mm 设置预埋防腐木砖，且至少埋设两块以上。采用局部构造精细化特殊处理技术，对灯槽、通风口、消防管道等特殊构造进行不同起拱度的控制与调整；同时，分块及固定方法在试装及绿色施工综合技术及应用鉴定后实施。采用双“回”字形板块对接压嵌橡胶密封条工艺，保证密封条的压实与固定，同时根据龙骨内部构造形成完整的密封水流通道去除室内水蒸气的液化水，较传统的注入中性硅酮密封胶具有更加明显的质量保证。

（二）技术要点

1．施工前准备

参考德国标准，按照设计要求提出所需材料的规格及各种配件的数量，进行参数设计及制作，复测室内主体结构尺寸并检查墙面垂直度、平整度偏差，详细核查施工图纸和现场实测尺寸，特别是考虑灯槽、消防管道、通风管道等设备的安装部位，以确保设计、加工的完善，避免工程变更。同时，与结构图纸及其他专业图纸进行核对，及时发现问题采取有效措施修正。

2．作业条件分析的技术要点

现场单独设置库房以防止进场材料受到损伤，检查内部墙体、屋顶及设备安装质量是否符合铝塑板装饰施工要求和高空作业安全规程的要求，并将铝塑板及安装配件用运输设备运至各施工面层上，合理划分作业区域。根据楼层标高线，用标尺竖向量至顶棚设计标高，沿墙、柱四周弹顶棚标高，并沿顶棚的标高水平线，在墙上画好分挡位置线，完成施工前的各项放线准备工作。结构施工时应在现浇混凝土楼板或预制混凝土楼板缝，按设计要求间距预埋钢筋吊杆，设计无要求时按大龙骨的排列位置预埋钢筋吊杆，其间距宜为900～1200 mm。吊顶房间的墙柱为砖砌体时，在顶棚的标高位置沿墙和柱的四周预埋防腐木砖，沿墙间距900～1200mm，柱每边应埋设木砖两块以上。安装完顶棚内的各种管线及通风道，确定好灯位、通风口及各种照明孔口位置。

3．大、中、小型钢龙骨及特殊U形构件安装的技术要点

龙骨安装前应使用经纬仪对横梁竖框进行贯通检查，并调整误差。一般情况下龙骨的安装顺序为先安装竖框，再安装横梁，安装工作由下往上逐层进行。

安装大龙骨吊杆要求：在弹好顶棚标水平线及龙骨位置线后，确定吊杆下端头的标高，按大龙骨位置及吊挂间距，将吊杆无螺栓丝扣的一端与楼板预埋钢筋连接固定。安装大龙骨要求配装好吊杆螺母，在大龙骨上预先安装好吊挂件，将组装吊挂件的大龙骨按分档线位置使吊挂件穿入相应的吊杆螺母，并拧好螺母。大龙骨相接过程中装好连接件，拉线调整标高起拱和平直，对于安装洞口附加大龙骨须按照图集相应节点构造设置连接卡，边龙骨的固定要求采用射钉固定，射钉间距宜为1000 mm。

中龙骨的安装：应以弹好的中龙骨分档线，卡放中龙骨吊挂件，吊挂中龙骨按设计规定的中龙骨间距将中龙骨通过吊挂件，吊挂在大龙骨上，间距宜为500～600 mm。当中龙骨长度须多根延续接长时用中龙骨连接件，在吊挂中龙骨的同时须调直固定小龙骨的安

装；以弹好的小龙骨分档线卡装小龙骨吊挂件，吊挂小龙骨应按设计规定的小龙骨间距将小龙骨通过吊挂件，吊挂在中龙骨上，间距宜为400~600 mm。当小龙骨长度须多根延续接长时用小龙骨连接件，在吊挂小龙骨的同时，将相对端头相连接并先调直后固定。若采用T形龙骨组成轻钢骨架时，小龙骨应在安装铝塑板时，每装一块罩面板先后各装一根卡挡小龙骨。

竖向龙骨在安装过程中应随时检查竖框的中心线，竖框安装的标高偏差不大于1.0 mm；轴线前后偏差不大于2.0 mm，左右偏差不大于2.0 mm；相邻两根竖框安装的标高偏差不大于2.0 mm；同层竖框的最大标高偏差不大于3.0 mm；相邻两根竖框的距离偏差不大于2.0 mm。竖框与结构连接件之间采用不锈钢螺栓进行连接，连接件上的螺栓孔应为长圆孔以保证竖框的前后调节。连接件与竖框接触部位加设绝缘垫片，以防止电解腐蚀。横梁与竖框间采用角码进行连接，角码一般采用角铝或镀锌铁件制成，横梁安装应自下而上进行，应进行检查、调整、校正。相邻两根横梁的标高水平偏差不大于1.0 mm；当一副铝塑板宽度大于35 m时，标高偏差应不大于4.0 mm。

4．铝塑装饰板安装操作要点

带有通气小孔的进口铝塑板的标准板块在工厂内参数化加工成型，覆盖塑料薄膜后运输到现场进行安装。在已经装好并经验收的轻钢骨架下面按铝塑板的规格、拉缝间隙进行分块弹线，从顶棚中间顺中龙骨方向开始先装一行铝塑板作为基准，然后向两侧分行安装，固定铝塑板的自攻螺钉间距为200~300 mm，配套下的铝合金副框料先与铝塑板进行拼装以形成铝塑板半成品板块。铝塑板材折弯后用钢副框固定成型，副框与板侧折边可用抽芯铆钉紧固，铆钉间距应在200 mm左右，板的正面与副框接触面黏结。固定角铝按照板块分格尺寸进行排布，通过拉铆钉与铝板折边固定，其间距保持在300 mm以内。板块可根据设计要求设置中加强肋，肋与板可采用螺栓进行连接。若采用电弧焊固定螺栓应确保铝板表面不变形、不褪色、连接牢固，用螺钉和铝合金压块将半成品标准板块固定，与龙骨骨架连接。

（三）工艺流程

呼吸式铝塑板施工工艺流程如图4-5所示。

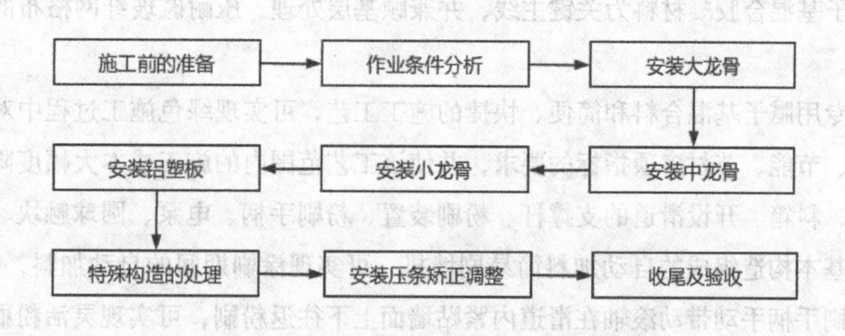

图 4-5　呼吸式铝塑板施工工艺流程

二、直接涂层墙面

由于建筑结构缺乏深化设计且不能满足室内装修的特殊要求，改造门垛的尺寸及结构构造很常见，但传统的门垛改造做法费时、费力，易于造成环境污染，且常产生墙面开裂的质量通病，严重影响墙体的表观质量和耐久性。适用于门垛构造改进调整及直接做墙面涂层的施工工艺，其关键技术是门垛改造局部组砌及墙面绿色和机械化处理施工，这个技术解决了传统门垛改造的墙面砂浆粉刷施工费时、费工、费材，且工程质量难以保证的问题。

加气块砌体墙面免粉刷施工工艺要求砌筑时提高墙面的质量标准，填充墙砌筑完成并间隔两个月后，用专用腻子分两遍直接批刮在墙体上，保养数天后仅须再批一遍普通腻子即可涂刷乳胶漆饰面。该绿色施工技术所涉及的免粉刷技术可代替水泥混合砂浆粉刷层，但该免粉刷工艺对墙体材料配置、保管和使用具有独特的要求，使得该墙面涂层具有良好的观感效果和环境适应性。

（一）技术特点

通过基于门垛口精确尺寸放线的拆除技术，针对拆除后特定的不规则缺口构造，预埋拉结钢筋进行局部可调整的加气砖砌体组砌施工，缝隙及连接处进行填充密实，完成墙体的施工；采用专用腻子基混合料做底层和面层，配合双层腻子基混合料面，可代替传统的砂浆粉刷。在面层墙面施工的过程中借助自主研发的自动加料简易刷墙机实现一次性机械化施工，实现高效、绿色、环保的目标。

门垛拆除后马牙槎构造的局部调整组砌及拉结筋的预埋工艺，可保证新老界面的整体性。门垛构造处包括砌体基层、局部碱性纤维网格布、底层腻子基混合料、整体碱性纤维网格布、面层腻子基混合料和饰面涂料刷的新型墙面构造，代替传统的砂浆粉刷方法。通过批两道腻子基混合胶凝材料为关键主线，并兼顾基层处理、压耐碱玻纤网格布，采用以批两道腻子基混合胶凝材料为关键主线，并兼顾基层处理、压耐碱玻纤网格布的依次顺序施工方法。

采用专用腻子基混合料和简便、快捷的施工工艺，可实现绿色施工过程中对降尘、节地、节水、节能、节材多项指标的要求，并使该工艺范围内的施工成本大幅度降低。采用包括底座、料箱、开设滑道的支撑杆、粉刷装置、粉刷手柄、电泵、圆球触块、凹槽以及万向轮等基本构造组成的自动加料简易刷墙机，可实现涂刷期间的自动加料，省时省力，而通过粉刷手柄手动带动滚轴在滑道内紧贴墙面上下往返粉刷，可实现灵活粉刷、墙面均匀受力。

（二）技术要点

砖砌体的排列上、下皮应错缝搭砌，搭砌长度一般为砌块的1/2，不得小于砌块长的1/3，转角处相互咬砌搭接；不够整块时可用锯切割成所需尺寸，但不得小于砖砌块长度的1/3。灰缝横平竖直，水平灰缝厚度宜为15 mm，竖缝宽度宜为20 mm；砌块端头与墙柱接缝处各涂刮厚度为5 mm的砂浆黏结，挤紧塞实。灰缝砂浆应饱满，水平缝、垂直缝饱满度均不得低于80%。砌块排列尽量不镶砖或少镶砖，必须镶砖时，应用整砖平砌，铺浆最大长度不得超过1500 mm。砌体转角处和交接处应同时砌筑，对不能同时砌筑而必须留置的临时间断处，应砌成斜槎，斜槎不得超过一步架。墙体的两根拉结筋，间距100 mm，拉结筋伸入墙内的长度不小于墙长的1/5且不小于700 mm。墙砌至接近梁或板底时应留空隙30 ~ 50 mm，至少间隔7天后，用防腐木楔楔紧，间距600 mm，木楔方向应顺墙长方向楔紧，用C25细石混凝土或1∶3水泥砂浆灌注密实。门窗等洞口上无梁处设预制过梁，过梁宽同相应墙宽。拉通线砌筑时，应吊砌一皮、校正一皮，皮皮拉线控制砌体标高和墙面平整度；每砌一皮砌块，就位校正后，用砂浆灌垂直缝，随后原浆勾缝，满足深度3 ~ 5 mm。

（三）工艺流程

直接涂层墙面施工工艺流程如图4-6所示。

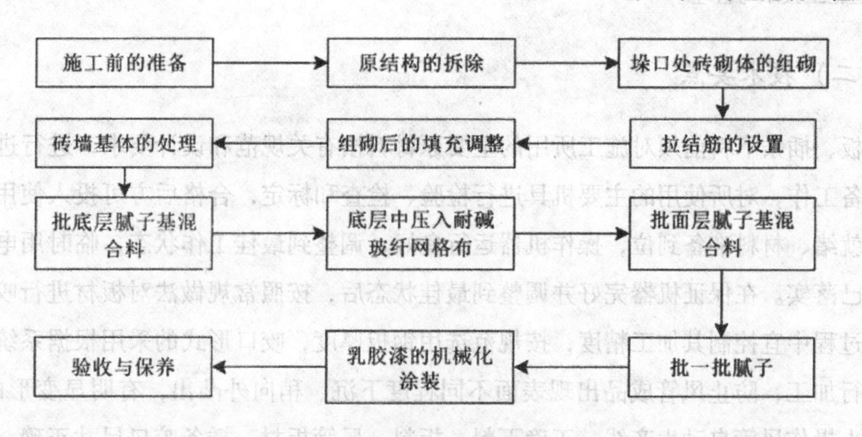

图 4-6 直接涂层墙面施工工艺流程

第四节 机电安装工程施工技术

一、大截面镀锌钢板风管

镀锌钢板通风风管达到或超过一定的接缝截面尺寸界限会引起风管本身强度不足，进而伴随其使用时间的增加而出现翘曲、凹陷、平整度超差等质量问题，最终影响其表观质量，其结果导致建筑物的功能与品质严重受损。而基于 L 形插条下料、风管板材合缝以及机械成 L 形插条准确定位安装的大截面镀锌钢板风管构造，主要通过用同型号镀锌钢板加工成 L 形插条在接缝处进行固定补强，采用镀锌钢板风管自动生产线及配套专用设备，须根据风管设计尺寸大小。在加工过程中可采用同规格镀锌钢板板材余料制作 L 形风管插条作为接缝处的补强构件，通过单平咬口机对板材余料进行咬口加工制作，在现场通过手工连接、固定在风管内壁两侧含缝处形成一种全新的镀锌钢管。

（一）技术特点

大截面镀锌钢板风管采用 L 形插条补强连接全新的加固方法，克服了接缝处易变形、翘曲、凹陷、平整度超差等质量问题，降低因质量问题导致返工的成本。形成充分利用镀锌钢板剩余边角料在自动生产线上一次成型的精细化加工制作工艺，保证无扭曲、角变形等大尺寸风管质量问题，同时可与加工制作后的现场安装工序实现无间歇和调整的连续对接。通过对镀锌钢板余料的充分利用，以及插条合缝处涂抹密封胶的选用、检测与深度处理，深刻体现绿色、节能、经济、环保特点。

（二）技术要点

风板、插条下料前须对施工所用的主要原材料按有关规范和设计要求，进行进场材料验收准备工作，对所使用的主要机具进行检验、检查和标定，合格后方可投入使用。现机组准备就绪、材料准备到位，操作机器运行良好，调整到最佳工作状态，临时用电安全防护措施已落实。在保证机器完好并调整到最佳状态后，按照常规做法对板材进行咬口，咬口制作过程中宜控制其加工精度，按规范选用钢板厚度，咬口形式的采用根据系统功能按规范进行加工，防止风管成品出现表面不同程度下沉、稍向外凸出，有明显变形的情况。安排专人操作风管自动生产线，正确下料，板料、风管板材、插条咬口尺寸正确，保证咬口宽度一致，镀锌包钢板的折边应平直，弯曲度不应大于5/1000，弹性插条应与薄钢板法兰相匹配，角钢与风管薄钢板法兰四角接口应稳固、紧贴，端面应平整，相连接处不应该有大于2 mm的连续穿透缝。严格按风管尺寸公差要求，对口错位明显将使插条插偏；小口陷入大口内造成无法扣紧或接头歪斜、扭曲，插条不能明显偏斜，开口缝应在中间，不管插条还是管端咬口翻边应准确、压紧。

（三）工艺流程

大截面镀锌钢板风管施工工艺流程如图4-7所示。

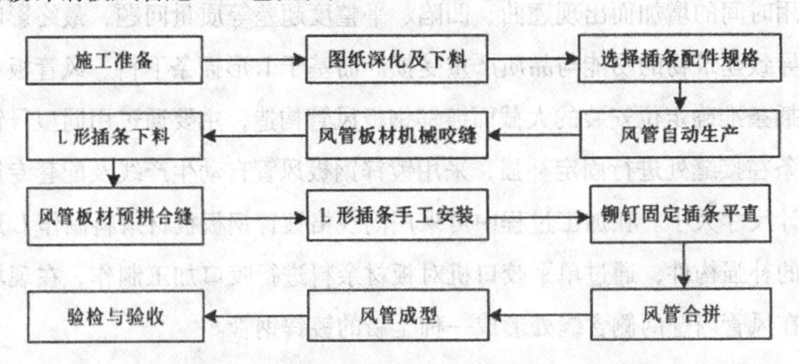

图4-7　大截面镀锌钢板风管施工工艺流程

二、异形网格式组合电缆线槽

建筑智能化与综合化对相应的设备，特别是电气设备的种类、性能及数量提出更高的要求，建筑室内的布线系统呈现出复杂、多变的特点，给室内空间的装饰装修带来一定的影响。传统的线槽模式如钢质电缆线槽、铝合金质线槽、防火阻燃式等类型，一定程度上解决了布线的问题，但在轻巧洁净、节约空间、安装更换、灵活布局以及与室内设备、构造搭配组合等方面仍然无法满足需求，全新概念的异形网格式组合电缆线槽，在提高品质、保证质量、加快安装速度等领域技术优势明显。异形网格式组合电缆线槽是将电缆进行集中布线的空间网格结构，可灵活设置网格的形状与密度，不同的单体可以组合成大截面电缆线槽以满足不同用电荷载的需求，同时各种角度的转角、三通、四通、变径、标高变化等部件现场制作是保证电缆桥架顺利连接灵活布局的关键，其支吊架的设置以及线槽与相关设备的位置实现标准化，可大幅提高安装的工程进度，在保证安全、环保卫生的前提下最大限度地节约室内有限空间。

（一）技术特点

采用面向安装位置需求的不同截面电缆线槽的现场组合拼装，通过现场特制不同角度的转角、变径、三通、四通等特殊构造，实现对电缆线槽布局、走向的精确控制，较传统的电缆线槽的布置更加灵活、多样化，局部区域节约室内空间10%左右。采用直径4～7mm的低碳钢丝，根据力学原理进行优化配置，混合制成异形网格式组合电缆线槽。网格的类型包括正方形、菱形、多边形等形状，根据配置需要灵活设置，每个焊点都是通过精确焊接的，其重量是普通桥架的40%左右，可散发热量并可保持清洁。对异形网格式组合电缆线槽的安装位置进行标准化控制，与一般工艺管道平行净距离控制在0.4 m，交叉净距离为0.3 m；强电异形网格式组合电缆线槽与强电网格式组合电缆线槽上下多层安装时，间距为300 mm；强电网格式组合电缆线槽与弱电网格式组合电缆线槽上下多层安装时，间距宜控制在500 mm，采用固定吊架、定向滑动吊架相结合的搭配方式，灵活布置，以保证其承载力，吊架间距宜为1.5～2.5 m，同一水平面内水平度偏差不超过5 mm。

（二）技术要点

根据电气施工图纸确定异形网格式组合电缆线槽的立体定位、规格大小、敷设方式、支吊架形式、支吊架间距、转弯角度、三通、四通、标高变换等。

异形网格式组合电缆线槽与一般工艺管道平行净距离为0.4 m，交叉净距离为0.3 m；当异形网格式组合电缆线槽敷设在易燃易爆气体管道和热力管道的下方，在设计无要求时，异形网格式组合电缆线槽不宜安装在腐蚀气体管道上方，以及腐蚀性液体管道的下方；当设计无要求时，异形网格式组合电缆桥架与具有腐蚀性液体或气体的管道平行净距离及交叉距离不小于0.5 m，否则应采取防腐、隔热措施。

强电异形网格式组合电缆线槽与强电异形网格式组合电缆线槽上下多层安装时，间距宜为300 mm；强电异形网格式组合电缆线槽与弱电异形网格式组合电缆线槽上下多层安装时，间距宜为500 mm，否则须采取屏蔽措施，其间距宜为300 mm；控制电缆异形网格式组合线槽与控制电缆异形网格式组合线槽上下多层安装时，间距宜为200 mm；异形网格式组合电缆线槽沿顶棚吊装时，间距宜为300 mm。

（三）工艺流程

异形网格式组合电缆线槽施工工艺流程如图4-8所示。

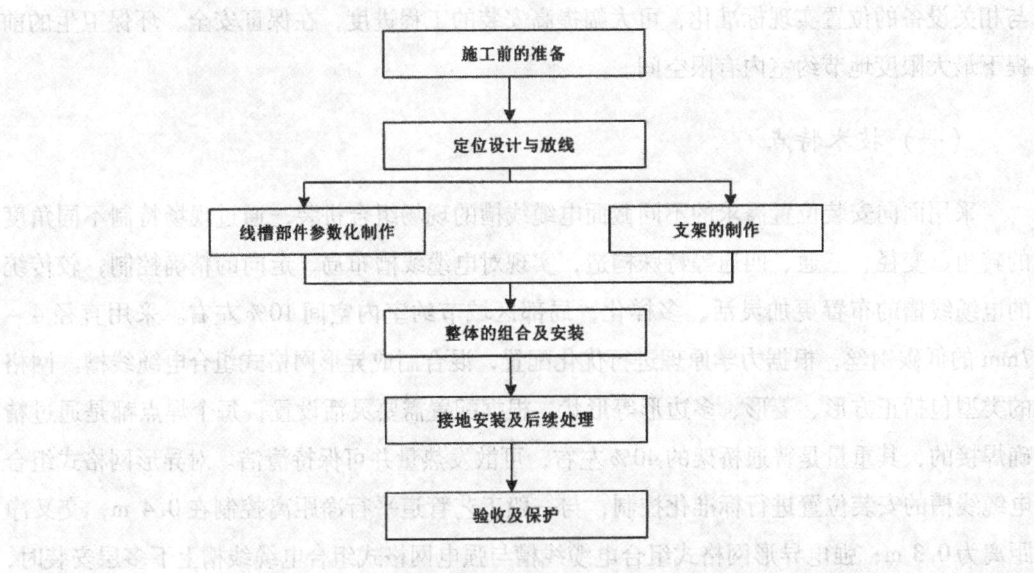

图4-8 异形网格式组合电缆线槽施工工艺流程

第五章　绿色建筑施工管理

绿色施工是指在保证质量、安全等基本要求的前提下，通过科学管理和技术进步，最大限度地节约资源，减少对环境负面影响，实现“四节一环保”（节能、节材、节水、节地和环境保护）的建筑工程施工活动。绿色施工要求以资源的高效利用为核心，以环境保护优先为原则，追求高效、低耗、环保，统筹兼顾，实现经济、社会、环境综合效益最大化的施工模式。在工程项目的施工阶段推行绿色施工主要包括选择绿色施工方法、采取节约资源措施、预防和治理施工污染、回收与利用建筑废料四个方面内容。

要实现绿色施工，实施和保证绿色施工管理尤为重要。绿色施工管理主要包括组织管理、规划管理、目标管理、实施管理、评价管理五大方面。以传统施工管理为基础，文明施工、安全管理为辅助，实现绿色施工目标为目的，在技术进步的同时，完善包含绿色施工思想的管理体系和方法，用科学的管理手段实现绿色施工。

第一节　绿色建筑施工组织管理

建立绿色施工管理体系就是绿色施工管理的组织策划设计，以制定系统、完整的管理制度和绿色施工的整体目标。在这一管理体系中有明确的责任分配制度，并指定绿色施工管理人员和监督人员。

绿色施工要求建立公司和项目两级绿色施工管理体系。

一、绿色施工管理体系

（一）公司绿色施工管理体系

施工企业应该建立以总经理为第一责任人的绿色施工管理体系，一般由总工程师或副总经理作为绿色施工牵头人，负责协调人力资源管理部门、成本核算管理部门、工程科技

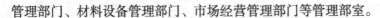

管理部门、材料设备管理部门、市场经营管理部门等管理部室。

1. 人力资源管理部门

负责绿色施工相关人员的配置和岗位培训；负责监督项目部绿色施工相关培训计划的编制和落实以及效果反馈；负责组织国内和本地区绿色施工新政策、新制度在全公司范围内的宣传等。

2. 成本核算管理部门

负责绿色施工直接经济效益分析。

3. 工程科技管理部门

负责全公司范围内所有绿色施工创建项目在人员、机械、周转材料、垃圾处理等方面的统筹协调；负责监督项目部绿色施工各项措施的制定和实施；负责项目部相关数据收集的及时性、齐全性与正确性并在全公司范围内及时进行横向对比后将结果反馈到项目部；负责组织实施公司一级的绿色施工专项检查；负责配合人力资源管理部门做好绿色施工相关政策制度的宣传并负责落实在项目部贯彻执行等。

4. 材料设备管理部门

负责建立公司《绿色建材数据库》和《绿色施工机械、机具数据库》并随时进行更新；负责监督项目部材料限额领料制度的制定和执行情况；负责监督项目部施工机械的维修、保养、年检等管理情况。

5. 市场经营管理部门

负责对绿色施工分包合同的评审，将绿色施工有关条款写入合同。

（二）项目绿色施工管理体系

绿色施工创建项目必须建立专门的绿色施工管理体系。项目绿色施工管理体系不要求采用一套全新的组织结构形式，而是建立在传统的项目组织结构的基础上，要求融入绿色施工目标，并能够制定相应责任和管理目标以保证绿色施工开展的管理体系。

项目绿色施工管理体系要求在项目部成立绿色施工管理机构，作为总体协调项目建设过程中有关绿色施工事宜的机构。这个机构的成员由项目部相关管理人员组成，还可包含建设项目其他参与方，如建设方、监理方、设计方的人员。同时要求实施绿色施工管理的项目必须设置绿色施工专职管理员，要求各个部门任命相关的绿色施工联络员，负责本部门所涉及的与绿色施工相关的职能。

二、绿色施工责任分配

（一）公司绿色施工责任分配（见表5-1）

1．总经理为公司绿色施工第一责任人。

2．总工程师或副总经理作为绿色施工牵头人负责绿色施工专项管理工作。

3．以工程科技管理部门为主，其他各管理部室负责与其工作相关的绿色施工管理工作，并配合协助其他部室工作。

表5-1　公司绿色施工责任分配

绿色施工相关工作 公司领导、部门	总经理	绿色施工牵头人	人力资源管理部门	成本核算管理部门	工程科技管理部门	材料设备管理部门	市场经营管理部门
公司总目标	主控	相关	相关	相关	主控	相关	相关
公司总策划	相关	主控	相关	相关	主控	相关	相关
人力资源配备	相关	主控	主控	相关	相关	相关	相关
教育与培训	相关	主控	主控	相关	相关	相关	相关
直接经济效益控制	相关	主控	相关	主控	相关	相关	相关
绿色施工方案审核	相关	主控	相关	相关	主控	相关	相关
项目间协调管理	相关	主控	相关	相关	主控	相关	相关
数据收集与反馈	相关	主控	相关	相关	主控	相关	相关
专项检查	相关	主控	相关	相关	主控	相关	相关
绿色建材数据库的建立与更新	相关	主控	相关	相关	相关	主控	相关
绿色施工机械、机具数据库的建立与更新	相关	主控	相关	相关	相关	主控	相关
监督项目限额领料制度的制定与落实	相关	主控	相关	相关	相关	主控	相关
监督项目机械管理	相关	主控	相关	相关	相关	主控	相关
合同评审	相关	主控	相关	相关	相关	相关	主控

（二）项目绿色施工责任分配（见表5-2）

1．项目经理为项目绿色施工第一责任人。

2．项目技术负责人、分管副经理、财务总监以及建设项目参与各方代表等组成绿色施工管理机构。

3. 绿色施工管理机构开工前制订绿色施工规划，确定拟采用的绿色施工措施并进行管理任务分工。

表 5-2　项目主要绿色施工管理任务分工表

任务部门	绿色施工管理机构	质量	安全	成本	后勤
施工现场标牌包含环境保护内容	决策与检查	参与	参与	参与	执行
制定用水定额	决策与检查	参与	参与	执行	参与

4. 管理任务分工，其职能主要分为四个：决策、执行、参与和检查。一定要保证每项任务都有管理部门或个人负责决策、执行、参与和检查。

5. 项目主要绿色施工管理任务分工表制定完成后，每个执行部门负责填写“绿色施工措施规划表”报绿色施工专职管理员，绿色施工专职管理员初审后报项目部绿色施工管理机构审定，作为项目正式指导文件下发到每一个相关部门和人员。

6. 在绿色施工实施过程中，绿色施工专职管理员应负责各项措施实施情况的协调和监控。同时在实施过程中，针对技术难点、重点，可以聘请相关专家作为顾问，保证实施顺利。

第二节　绿色建筑施工规划管理

一、绿色施工图纸会审

绿色施工开工前应组织对绿色施工图纸进行会审，也可在设计图纸会审中增加绿色施工部分，从绿色施工“四节一环保”的角度，结合工程实际，在不影响质量、安全、进度等基本要求的前提下对设计进行优化，并保留相关记录。

现阶段绿色施工处于发展阶段，工程的绿色施工图纸会审应该有公司一级管理技术人员参加，在充分了解工程基本情况后，结合建设地点、环境、条件等因素提出合理性设计变更申请，经相关各方同意会签后，由项目部具体实施。

二、绿色施工总体规划

（一）公司规划

在确定某工程要实施绿色施工管理后，公司应对其进行总体规划，规划内容包括：①材料设备管理部门从“绿色建材数据库”中选择距工程500km范围内的绿色建材供应商数据供项目选择。从“绿色施工机械、机具数据库”中结合工程具体情况，提出机械设备选型咨议。②工程科技管理部门收集工程周边在建项目信息，对工程临时设施建设需要的周转材料、临时道路路基建设需要的碎石类建筑垃圾以及在工程如有前期拆除工序而产生的建筑垃圾就近处理等提出合理化建议。③根据工程特点，结合类似工程经验，对工程绿色施工目标设置提出合理化建议和要求。④对绿色施工要求的执证人员、特种人员提出配置要求和建议；对工程绿色施工实施提出基本培训要求。⑤在全公司范围内（有条件的公司可以在一定区域范围内），从绿色施工“四节一环保”的基本原则出发，统一协调资源、人员、机械设备等，以求达到资源消耗最少、人员搭配最合理、设备协同作业程度最高、最节能的目的。

（二）项目规划

在进行绿色施工专项方案编制前，项目部应对以下因素进行调查并结合调查结果做出绿色施工总体规划。

1. 工程建设场地内原有建筑分布情况

(1) 原有建筑须拆除：要考虑对拆除材料的再利用。

(2) 原有建筑须保留，但施工时可以使用：结合工程情况合理利用。

(3) 原有建筑须保留，施工时严禁使用并要求进行保护：要制定专门的保护措施。

2. 工程建设场地内原有树木情况

(1) 须移栽到指定地点：安排有资质的队伍合理移栽。

(2) 须就地保护：制定就地保护专门措施。

(3) 须暂时移栽，竣工后移栽回现场：安排有资质的队伍合理移栽。

3. 工程建设场地周边地下管线及设施分布情况

制定相应的保护措施，并考虑施工时是否可以借用，以避免重复施工。

4. 竣工后规划道路的分布和设计情况

施工道路的设置尽量跟规划道路重合，并按规划道路路基设计进行施工，避免重复施工。

5. 竣工后地下管网的分布和设计情况

特别是排水管网。建议一次性施工到位，施工中提前使用，避免重复施工。

6. 本工程是否同为创绿色建筑工程

如果是，考虑某些绿色建筑设施，如雨水回收系统等提前建造，施工中提前使用，避免重复施工。

7. 距施工现场500km范围内主要材料分布情况

虽然有公司提供的材料供应建议，但项目部仍需要根据工程预算材料清单，对主要材料的生产厂家进行摸底调查，距离太远的材料考虑运输能耗和损耗，在不影响工程质量、安全、进度、美观等前提下，可以提出设计变更建议。

8. 相邻建筑施工情况

施工现场周边是否有正在施工或即将施工的项目，从建筑垃圾处理、临时设施周转材料衔接、机械设备协同作业、临时或永久设施共用、土方临时堆场借用甚至临时绿化移栽等方面考虑是否可以合作。

9. 施工主要机械来源

根据公司提供的机械设备选型建议，结合工程现场周边环境，规划施工主要机械的来源，尽量减少运输能耗，以最高效使用为基本原则。

10. 其他

设计中是否有某些构配件可以提前施工到位，在施工中运用，避免重复施工。例如，高层建筑中消防主管提前施工并保护好，用作施工消防主管，避免重复施工；地下室消防水池在施工中用作回收水池，循环利用楼面回收水等。

一是卸土场地或土方临时堆场：考虑运土时对运输路线环境的污染和运输能耗等，距离越近越好。二是回填土来源：考虑运土时对运输路线环境的污染和运输能耗等，在满足设计要求前提下，距离越近越好。三是建筑、生活垃圾处理：联系好回收和清理部门。四是构件、部品工厂化的条件：分析工程实际情况，判断是否可能采用工厂化加工的构件或部品；调查现场附近钢筋、钢材集中加工成型，结构部品化生产，装饰装修材料集中加工，部品生产的厂家条件。

三、绿色施工专项方案

在进行充分调查后，项目部应对绿色施工制订总体规划，并根据规划内容编制绿色施工专项施工方案。

（一）绿色施工专项方案主要内容

绿色施工专项方案是在工程施工组织设计的基础上，对绿色施工有关的部分进行具体和细化，其主要内容应包括：①绿色施工组织机构及任务分工。②绿色施工的具体目标。③绿色施工针对“四节一环保”的具体措施。④绿色施工拟采用的“四新”技术措施。⑤绿色施工的评价管理措施。⑥工程主要机械、设备表。⑦绿色施工设施购置（建造）计划清单。⑧绿色施工具体人员组织安排。⑨绿色施工社会经济环境效益分析。⑩施工现场平面布置图等。

绿色施工拟采用的“四新”技术措施可以是《建筑业十项新技术》、“建设事业推广应用和限制禁止使用技术公告”“全国建设行业科技成果推广项目”以及本地区推广的先进适用技术等。如果是未列入推广计划的技术，则需要另外进行专家论证。主要机械、设备表须列清楚设备的型号、生产厂家、生产年份等相关资料，以方便审查方案时判断是否为国家或地方限制、禁止使用的机械设备。绿色施工设施购置（建造）计划清单，仅包括为实施绿色施工专门购置（建造）的设施，对原有设施的性能提升，应只计算增值部分的费用；多个工程重复使用的设施，应计算其分摊费用。绿色施工具体人员组织安排应具体到每一个部门、每一个专业、每一个分包队伍的绿色施工负责人。施工现场平面布置图应考虑动态布置，以达到节地的目的，多次布置的应提供每一次的平面布置图，布置图上要求将噪声监测点、循环水池、垃圾分类回收池等绿色施工专属设施标注清楚。

（二）绿色施工专项方案审批要求

绿色施工专项方案要求严格按项目、公司两级审批。一般由绿色施工专职施工员进行编制，项目技术负责人审核后，报公司总工程师审批，只有审批手续完整的方案才能用于指导施工。

绿色施工专项方案在有必要时，考虑组织专家进行论证。

第三节　绿色建筑施工目标管理

绿色施工必须实施目标管理。目标管理实际上属于绿色施工实施管理的一部分，但由于其重要性，因此将其单列出来，做详细介绍。

一、绿色施工目标值的确定

绿色施工的目标值应根据工程拟采用的各项措施，结合《绿色施工导则》《建筑工程绿色施工评价标准》（GB/T 50640-2014）、《建筑工程绿色施工规范》（GB/T 50905-2014）等相关条款，在充分考虑施工现场周边环境和项目部以往施工经验的情况下确定。

目标值应从粗到细分为不同层次，可以是总目标下规划若干分目标，也可以将一个一级目标拆分成若干二级目标，形式可以多样，数量可以多变，每个工程的目标值应是一个科学的目标体系，而不仅是简单的几个数据。绿色施工目标体系确定的原则是：因地制宜、结合实际、容易操作、科学合理。

因地制宜——目标值必须是结合工程所在地区实际情况制定的。

结合实际——目标值的设置必须充分考虑工程所在地的施工水平、施工实施方的实力和施工经验等。

容易操作——目标值必须清晰、具体，一目了然，在实施过程中，方便收集对应的实际数据与其对比。

科学合理——目标值应是在保证质量、安全的基本要求下，针对“四节一环保”提出的合理目标，在“四节一环保”的某个方面相对传统施工方法有更高要求的指标。

项目实施过程中的绿色施工目标控制采用动态控制的原理。动态控制的具体方法是在施工过程中对项目目标进行跟踪和控制。收集各个绿色施工控制要点的实测数据，定期将实测数据与目标值进行比较。当发现实施过程中的实际情况与计划目标发生偏离时，及时分析偏离原因，确定纠正措施，采取纠正行动。对纠正后仍无法满足的目标值，进行论证分析，及时修改，设立新的更适宜的目标值。

在工程建设项目实施中如此循环，直至目标实现为止。项目目标控制的纠偏措施主要有组织措施、管理措施、经济措施和技术措施等。

二、绿色施工目标管理内容

绿色施工的目标管理按“四节一环保”及效益六个部分进行，应该贯穿施工策划、施工准备、材料采购、现场施工、工程验收等各个阶段的管理和监督之中。

现阶段项目绿色施工各项指标的具体目标值结合《绿色施工导则》《建筑工程绿色施工评价标准》（GB/T 50640-2014）、《建筑工程绿色施工规范》（GB/T 50905-2014）等相关条款，可按表5-3至表5-8结合工程实际选择性设置，其中参考目标数据是根据相关规范条款和实际施工经验提出，仅作参考。

表 5-3 环境保护目标管理

主要指标	须设置的目标值	参考的目标数据
建筑垃圾产量	产量小于____t	每万平方米建筑垃圾不超过 400t
建筑垃圾回收	建筑垃圾回收率达到____%	可回收施工废弃物的回收率不小于（建筑垃圾设置的目标值）
建筑垃圾再利用率	建筑垃圾再利用率达到____%	再利用率和再回收率达到 30%
碎石类、土石方类建筑垃圾再利用率	碎石类、土石方类建筑垃圾再利用率达到____%	碎石类、土石方类建筑垃圾再利用率大于 50%
有毒有害废物分类率	有毒有害废物分类率达到____	有毒有害废物分类率达到 100%
噪声控制	昼间<70dB，夜间<55dB	根据《建筑施工场界环境噪声排放标准》，昼间<70dB；夜间<55dB
水污染控制	pH 值达到____	pH 值应在 6～9 之间
扬尘高度控制	基础施工扬尘高度<10m。场界四周隔挡高度位置测得的大气总悬浮颗粒物（TSP）月平均浓度与城市背景值的差值____	结构施工扬尘高度<0.5m，基础施工扬尘高度<1.5m，安装装饰装修阶段扬尘高度<0.5m。场界四周隔挡高度位置测得的大气总悬浮颗粒物（TSP）月平均浓度与城市背景值的差值<0.08mg/m^3
光污染控制	达到环保部门规定	达到环保部门规定，周围居民不投诉

主要指标	预算损耗值	目标损耗值	参考的目标数据
钢材	____t	____t	材料损耗率比定额损耗率降低 30%
商品混凝土	____m^3	____m^3	材料损耗率比定额损耗率降低 30%
木材	____m^3	____m^3	材料损耗率比定额损耗率降低 30%
模板	平均周转次数为____次	平均周转次数为____次	____
围挡等周转设备（料）	/	重复使用率____%	重复使用率>70%
工具式定型模板	/	使用面积____m^3	使用面积不小于模板工程总面积 50%
其他主要建筑材料	____	____	材料损耗率比定额损耗率降低 30%
就地取材<500km 以内	/	占总量的____%	占总量的>70%
建筑材料包装物回收率	/	建筑材料包装物回收率达到____M	建筑材料包装物回收率 100%
预拌砂浆	/	____m^3	超过砂浆总量的 50%
钢筋工厂化加工	/	____t	80% 以上的钢筋采用工厂化加工

表5-4 节能与能源利用目标管理

主要指标	预算损耗值	目标损耗值	参考的目标数据
钢材	____t	____t	材料损耗率比定额损耗率降低30%
商品混凝土	____m	____m^3	材料损耗率比定额损耗率降低30%
木材	____m^3	____m^3	材料损耗率比定额损耗率降低30%
模块	平均周转次数为____次	平均周转次数为____次	____
围挡等周转设备（料）	/	重复使用率____%	重复使用率≥70%
工具式定型模板	/	使用面积____m^3	使用面积不小于模板工程总面积50%
其他主要建筑材料	____	a	材料损耗率比定额损耗率降低30%
就地取材≥500km以内	/	占总量的____%	占总量的≥70%
建筑材料包装物回收率	/	建筑材料包装物回收率____%	建筑材料包装物回收率100%
预拌砂浆	/	m^3	超过砂浆总量的50%
钢筋工厂化加工	/	____t	80%钢筋采用工厂化加工

表5-5 节水与水资源利用目标管理

主要指标	施工阶段	目标耗水量	参考的目标数据
办公、生活区	桩基、基础施工阶段	____m^3	____
	主体结构施工阶段	____m^3	____
	二次结构和装饰施工阶段	____m^3	____
生产作业区	桩基、基础施工阶段	____m^3	____
	主体结构施工阶段	____m^3	____
	二次结构和装饰施工阶段	____m^3	____
整个施工区	桩基、基础施工阶段	____m^3	____
	主体结构施工阶段	____m^3	____
	二次结构和装饰施工阶段	____m^3	____
节水设备（设施）配置率	/	____%	节水设备（设施）配置率达到100%
非政府自来水利用量占总用水量	/	____%	非政府自来水利用量占总用水量≥30%

表5-6　节地与土地资源利用目标管理

主要指标	施工阶段	目标耗电量	参考的目标数据
办公、生活区	桩基、基础施工阶段	____kW·h	——
	主体结构施工阶段	____kW·h	——
	二次结构和装饰施工阶段	____kW·h	——
生产作业区	桩基、基础施工阶段	____kW·h	——
	主体结构施工阶段	____kW·h	——
	二次结构和装饰施工阶段	____kW·h	——
整个施工区	桩基、基础施工阶段	____kW·h	——
	主体结构施工阶段	____kW·h	——
	二次结构和装饰施工阶段	____kW·h	——
节电设备（设施）配置表	——	——	节能照明灯具的数量应大于80%
可再生能源利用	——	____kW·h	暂不做量的要求，鼓励合理使用

表5-7　绿色施工的经济效益和社会效益目标管理

主要指标	目标值	参考的目标数据
办公、生活区面积	____m^2	——
生产作业区面积	____m^2	——
办公、生活区面积与生产作业区面积比率	____%	——
施工绿化面积与占地面积	____%	暂无参考数据，鼓励多保留绿地，不做量的要求
临时设施占地面积有效利用率	____%	临时设施占地面积有效利用率达90%
原有建筑物、构筑物、道路和管线的利用情况		暂无参考数据，鼓励尽可能地多利用，不做量的要求
永久设施利用情况	——	鼓励结合永久道路，规划地下管网布局施工临时设施
场地道路布置情况	双车道宽度≤____m	双车道宽度≤6m
	单车道宽度≤____m	单车道宽度≤3.5m
	转弯半径≤____m	转弯半径≤15m

表 5-8　绿色施工的经济效益和社会效益目标管理

主要指标	目标值	
实施绿色施工的增加成本	____元	一次性损耗成本____元
		实施绿色施工的节约成本
实施绿色施工的节约成本	____元	环境保护措施节约成本为____元
		节材措施节约成本为____元
		节水措施节约成本为____元
		节能措施节约成本为____元
		节地措施节约成本为____元
前两项之差	增加（节约）____元，占总产值比重为___%	
绿色施工社会效益	____	

注：前两项之差指“实施绿色施工的增加成本”与“实施绿色施工的节约成本”之差。

绿色施工目前还处于发展阶段，表5-3至表5-8的主要指标、目标值以及参考的目标数据都存在一定的阶段性，项目在具体实施过程中应注意把握国家行业动态和“新技术、新工艺、新设备、新材料”在绿色施工中的推广应用程度以及本企业绿色施工管理水平的进步等，及时进行调整。

第四节　绿色建筑施工实施管理

绿色施工专项方案和目标值确定之后，进入项目的实施管理阶段，绿色施工应对整个过程实施动态管理，加强对施工策划、施工准备、现场施工、工程验收等各阶段的管理和监督。

绿色施工的实施管理其实质是对实施过程进行控制，以达到规划所要求的绿色施工目标。通俗地说，就是为实现目的进行的一系列施工活动，作为绿色施工工程，在其实施过程中，主要强调以下几点：

一、建立完善的制度体系

“没有规矩，不成方圆。”绿色施工在开工前制订了详细的专项方案，确立了具体的各项目标，在实施工程中，主要是采取一系列的措施和手段，确保按方案施工，最终满足目标要求。

二、配备全套的管理表格

绿色施工应建立整套完善的制度体系，通过制度，既约束不绿色的行为又指定应该采取的绿色措施，而且，制度也是绿色施工得以贯彻实施的保障体系。绿色施工的目标值大部分是量化指标，因此，在实施过程中应该收集相应的数据，定期将实测数据与目标值进行比较，及时采取纠正措施或调整不合理目标值。

另外，施工管理是一个过程性活动，随着工程的竣工，很多施工措施将消失不见，为了考核绿色施工效果，见证绿色施工效益，及时发现存在的问题，要求针对每一个绿色施工管理行为制定相应的管理表格，并在施工中监督填制。

三、营造绿色施工氛围

目前，绿色施工理念还没有深入人心，很多人并没有完全接受绿色施工概念，绿色施工实施管理，首先应该纠正职工的思想，努力让每一个职工把节约资源和保护环境放到一个重要的位置上，让绿色施工成为一种自觉行为。要达到这个目的，结合工程项目特点，有针对性地对绿色施工做相应的宣传，通过宣传营造绿色施工的氛围非常重要。绿色施工要求在现场施工标牌中增加环境保护的内容，在施工现场醒目位置设置环境保护标志。

四、增强职工绿色施工意识

施工企业应重视企业内部的自身建设，使管理水平不断提高，不断趋于科学合理，并加强企业管理人员的培训，提高他们的素质和环境意识。具体应做到以下内容：

加强管理人员的学习，然后由管理人员对操作层人员进行培训，增强员工的整体绿色意识，增加员工对绿色施工的承担与参与。

在施工阶段，定期对操作人员进行宣传教育，如黑板报和绿色施工宣传小册子等，要求操作人员严格按已制定的绿色施工措施进行操作，鼓励操作人员节约水电、节约材料、注重机械设备的保养、注意施工现场的清洁，文明施工，不制造人为污染。

五、借助信息化技术

绿色施工实施管理可以借助信息化技术作为协助实施手段，目前施工企业信息化建设越来越完善，已建立了进度控制、质量控制、材料消耗、成本管理等信息化模块，在企业信息化平台上开发绿色施工管理模块，对项目绿色施工实施情况进行监督、控制和评价等工作能起到积极的辅助作用。

第五节　绿色建筑施工评价管理

绿色施工管理体系中应该有自评价体系。根据编制的绿色施工专项方案，结合工程特点，对绿色施工的效果及采用的新技术、新设备、新材料和新工艺，进行自评价。自评价分项目自评价和公司自评价两级，分阶段对绿色施工实施效果进行综合评价，根据评价结果对方案、措施以及技术进行改进、优化。

一、绿色施工项目自评价

绿色施工自评价一般分三个阶段进行，即地基与基础工程、结构工程、装饰装修与机电安装工程阶段。原则上每个阶段不少于一次自评，且每个月不少于一次自评。

绿色施工自评价分四个层次进行：绿色施工要素评价、绿色施工批次评价、绿色施工阶段评价和绿色施工单位工程评价。

（一）绿色施工要素评价

绿色施工的要素按“四节一环保”分五大部分，绿色施工要素评价就是按这五大部分分别制表进行评价，参考评价表见表5-9。

表5-9　绿色施工要素评价

<table>
<tr><td rowspan="2">工程名称</td><td rowspan="2"></td><td>编号</td><td></td></tr>
<tr><td>填表日期</td><td></td></tr>
<tr><td>施工单位</td><td></td><td>施工阶段</td><td></td></tr>
<tr><td>评价指标</td><td></td><td>施工部位</td><td></td></tr>
<tr><td rowspan="2">控制项</td><td colspan="2">采用的必要措施</td><td>评价结论</td></tr>
<tr><td colspan="2"></td><td></td></tr>
<tr><td rowspan="2">工程名称</td><td rowspan="2"></td><td>编号</td><td></td></tr>
<tr><td>填表日期</td><td></td></tr>
<tr><td rowspan="2">一般项</td><td>采用的可选措施</td><td>计分标准</td><td>实得分</td></tr>
<tr><td></td><td></td><td></td></tr>
</table>

续表

优选项	采用的加分措施	计分标准	实得分
评价结论			
签字栏	建设单位	监理单位	施工单位

填表说明：①施工阶段填“地基与基础工程”“结构工程”或“装饰装修与机电安装工程”；②评价指标填“环境保护”“节材与材料资源利用”“节水与水资源利用”“节能与能源利用”“节地与土地资源保护”；③采用的必要措施（控制项）指该评价指标体系内必须达到的要素，如果没有达到，一票否决；④采用的可选措施（一般项）指根据工程特点，选用的该评价指标体系内可以做到的要素，根据完成情况给予打分，完全做到给满分，部分做到适当给分，没有做不得分；⑤采用的加分措施（优选项）指根据工程特点选用的“四新”技术、经论证的创新技术以及较现阶段绿色施工目标有较大提高的措施，如建筑垃圾回收再利用率大于50%等；计分标准建议按100分制，必要措施（控制项）不计分，只判断合格与否；可选措施（一般项）根据要素难易程度、绿色效益情况等按100分进行分配，这部分分配在开工前应该完成；加分措施（优选项）根据选用情况适当加分。

（二）绿色施工批次评价

将同一时间进行的绿色施工要素评价进行加权统计，得出单次评价的总分，参考评价表见表5-10。

表5-10　绿色施工批次评价汇报表

工程名称		编号	
		填表日期	
评价阶段			
评价要素	评价得分	权重系数	实得分
环境保护		0.3	
节材与材料资源利用		0.2	
节水与水资源利用		0.2	
节能与能源利用		0.2	
节地与施工用地保护		0.1	

续表

合计			1	
评价结论	1. 控制项 2. 评分提价 3. 优选项 结论			
签字栏	建设单位	监理单位	施工单位	

填表说明：①施工阶段与进行统计的“绿色施工批次评价汇报表”；②评价得分指“绿色施工要素评价表”中“采用的可选措施（一般项）”的总得分，不包括“采用的加分措施（优选项）”得分，该部分在评价结论处单独统计；③权重系数根据“四节一环保”在施工中的重要性；④评价结论栏，控制项填是否全部满足；评价得分根据上栏实得分汇总得出；优选项将五张“绿色施工要素评价表”优选项累加得出；⑤绿色施工批次评价得分等于评价得分加优选项得分。

（三）绿色施工阶段评价

将同一施工阶段内进行的绿色施工批次评价进行统计，得出该施工阶段的平均分，参考评价表见表5-11。

表5-11　绿色施工阶段评价汇总

工程名称		编号	
		填表日期	
评价阶段			
评价批次	批次得分	评价批次	批次得分
1		9	
2		10	
3		11	
4		12	
5		13	
6		14	
7		15	
8			
小计			

填表说明：①评价阶段分“地基与基础工程”“结构工程”“装饰装修与机电安装工程”，原则上每阶段至少进行一次施工阶段评价，且每个月至少进行一次施工阶段评价；②阶段评价得分 $G=\sum$ 批次评价得分 E/评价批次数。

（四）单位工程绿色施工评价

将所有施工阶段的评价得分进行加权统计，得出本工程绿色施工评价的最后得分，参考评价表见表 5-12。

表 5-12　单位工程绿色施工评价汇总表

工程名称		编号	
		填表日期	
评价阶段	阶段得分	权重系数	实得分
地基与基础		0.3	
结构工程		0.5	
装饰装修与机电安装		0.2	
合计		1	
评价结论			
签字栏	建设单位	监理单位	施工单位

填表说明：根据绿色施工阶段评价得分加权计算，权重系数根据三个阶段绿色施工的重要性划分，绿色施工自评价也可由项目承建单位根据自身情况设计表格进行。

二、绿色施工公司自评价

在项目实施绿色施工管理过程中，公司应对其进行评价。评价由专门的专家评估小组进行，原则上每个施工阶段都应该进行至少一次公司评价。

公司评价的表格可以采用表 5-9 至表 5-12，或者自行设计更符合项目管理要求的表格。但每次公司评价后，应及时与项目自评价结果进行对比，差别较大的工程应重新组织专家评价，找出差距原因，制定相关措施。

绿色施工评价是推广绿色施工工作中的重要一环，只有真实、准确、及时地对绿色施工进行评价，才能了解绿色施工的状况和水平，发现其中存在的问题和薄弱环节，并在此基础上进行持续改进，使绿色施工的技术和管理手段更加完善。

第六章　绿色建筑施工主要措施

绿色施工的实现主要是依靠满足目标要求，采取一系列措施，并在施工过程中得以贯彻执行。这些措施包括管理措施和技术措施。本章主要按“四节一环保”分别介绍现阶段实施绿色施工主要采取的措施。

第一节　环境保护

一、扬尘控制

建筑施工是产生空气扬尘的主要原因。施工中出现的扬尘主要来源于：渣土的挖掘和清运，回填土、裸露的料堆，拆迁施工中由上而下抛撒的垃圾、堆存的建筑垃圾，现场搅拌砂浆以及拆除爆破工程产生的扬尘等。扬尘的控制应该进行分类，根据其产生的原因采取适当的控制措施。

（一）扬尘控制管理措施

1．确定合理施工方案

施工前，充分了解场地四周环境，对风向、风力、水源、周围居民点等充分调查分析后，制定相应的扬尘控制措施，纳入绿色专项施工方案。

2．尽量选择工业化加工的材料、部品、构件

工业化生产，减少了现场作业量，大大降低了现场扬尘。

3．合理调整施工工序

将容易产生扬尘的施工工序安排在风力小的天气进行，如拆除、爆破作业等。

4．合理布置施工现场

将容易产生扬尘的材料堆场和加工区远离居民住宅区布置。

5. 制定相关管理制度

针对每一项扬尘控制措施制定相关管理制度，并宣传贯彻到位。

6. 配备相应奖惩、公示制度

奖惩、公示不是目的而是手段。奖惩、公示制度应配合宣传教育进行，才能将具体措施落实到位。

（二）场地处理

1. 硬化措施

施工道路和材料加工区进行硬化处理，并定期洒水，确保表面无浮土。

2. 裸土覆盖

短期内闲置的施工用地采用密目丝网临时覆盖；较长时期内闲置的施工用地采用种植易存活的花草进行覆盖。

3. 设置围挡

施工现场周边设置一定高度的围挡，且保证封闭严密，保持整洁完整。现场易飞扬的材料堆场周围设置不低于堆放物高度的封闭性围挡，或使用密目丝网覆盖，有条件的现场可设置挡风抑尘墙。

（三）降尘措施

1. 定期洒水

不管是施工现场还是作业面，保持定期洒水，确保无浮土。

2. 密目安全网

工程脚手架外侧采用合格的密目式安全立网进行全封闭，封闭高度要高出作业面，并定期对立网进行清洗和检查，发现破损立即更换。

3. 施工车辆控制

运送土方、垃圾、易飞扬材料的车辆必须封闭严密，且不应装载过满。定期检查，确保运输过程不抛不撒不漏。施工现场设置洗车槽，驶出工地的车辆必须进行轮胎冲洗，避免污损场外道路。土方施工阶段，大门外设置吸湿垫，避免污损场外道路。

4. 垃圾运输

浇筑混凝土前清理灰尘和垃圾时尽量使用吸尘器，避免使用吹风器等易产生扬尘的设备。高层或多层建筑清理垃圾应搭设封闭性临时专用道路或采用容器吊运，禁止直接抛撒。

5. 特殊作业

岩石层开挖尽量采用凿裂法，并采用湿作业减少扬尘。机械剔凿作业时，作业面局部遮挡，并采取水淋等措施，减少扬尘。清拆建（构）筑物时，提前做好扬尘控制计划。对清拆建（构）筑物进行喷淋除尘并设置立体式遮挡尘土的防护设施，宜采用安静拆除技术降低噪声和粉尘。爆破拆除建（构）筑物时，提前做好扬尘控制计划，可采用清理积尘、淋湿地面、预湿墙体、屋面覆水袋、楼面蓄水、建筑外设高压喷雾状水系统、搭设防尘排栅和直升机投水弹等综合降尘。

6. 其他措施

易飞扬和细颗粒建筑材料封闭存放。余料应有及时回收制度。

二、噪声与振动控制

建筑施工噪声是指在建筑施工过程中产生的干扰周围生活环境的声音，国家标准《建筑施工场界环境噪声排放标准》（GB12523-2011）规定建筑施工场界环境噪声排放昼间不大于70dB，夜间不大于55dB，见表6-1。

表6-1 施工现场产生噪声的主要设备和活动一览表

施工阶段	产生噪声的主要设备和活动
土石方施工阶段	装载机、挖掘机、推土机、运输车辆、抽水泵等
打桩阶段	打桩机、混凝土、罐车、抽水泵等
结构施工阶段	电锯、混凝土罐车、地泵、汽车泵、搅拌机、振动棒、支拆模、板搭拆钢管脚手架、模板修理、外用电梯等
装修及机电安装阶段	外用电梯、拆脚手架、石材切割、电锯等

（一）噪声与振动控制管理措施

1. 确定合理施工方案

施工前，充分了解现场及拟建建筑基本情况，针对拟采用的机械设备，制定相应的噪声、振动控制措施，纳入绿色施工专项施工方案。

2. 合理安排施工工序

严格控制夜间作业时间，大噪声工序严禁夜间作业。

3. 合理布置施工现场

将噪声大的设备远离居民区布置。

4. 尽量选择工业化加工的材料、部品、构件

工业化生产，减少了现场作业量，大大降低了现场噪声。

5．建立噪声控制制度，降低人为噪声

塔式起重机指挥使用对讲机，禁止使用大喇叭或直接高声叫喊。材料的运输轻拿轻放，严禁抛撒。机械、车辆定期保养，并在闲置期间及时关机减少噪声，施工车辆进出现场，禁止鸣笛。

（二）控制源头

1．选用低噪声、低振动环保设备

在施工中，选用低噪声搅拌机、钢筋夹断机、风机、电动空压机、电锯等设备，振动棒选用环保型、低噪声低振动。

2．优化施工工艺

用低噪声施工工艺代替高噪声施工工艺。如桩施工中将垂直振打施工工艺改变为螺旋、静压、喷注式打桩工艺。

3．安装消声器

在大噪声施工设备的声源附近安装消声器，通常将消声器设置在通风机、鼓风机、压缩机、燃气轮机、内燃机等各类排气放空装置的进出风管适当位置。

（三）控制传播途径

在现场大噪声设备和材料加工场地四周设置吸声降噪屏。在施工作业面强噪声设备周围设置临时隔声屏障，如打桩机、振动棒等。

（四）加强监管

在施工现场根据噪声源和噪声敏感区的分布情况，设置多个噪声监控点，定期对噪声进行动态检测，发现超过建筑施工场界环境噪声排放限制的，及时采取措施，降低噪声排放至满足标准要求。

三、光污染控制

光污染是通过过量的或不适当的光辐射对人类生活和生产环境造成不良影响。在施工过程中，夜间施工的照明灯及施工中电弧焊、闪光对接焊工作时发出的弧光等形成光污染。

灯具选择以日光型为主，尽量减少射灯及石英灯的使用。夜间室外照明灯加设灯罩，使透光方向集中在施工范围。钢筋加工棚远离居民区和生活办公区，必要时设置遮挡措施。电焊作业尽量安排在白天阳光下，如夜间施工，须设置遮挡措施，避免电焊弧光外泄。优化施工方法，钢筋尽量采用机械连接。

四、水污染控制

水污染是指水体因某种物质的介入，而导致其化学、物理、生物或者放射性等方面特性的改变，从而影响水的有效利用，危害人体健康或者破坏生态环境，造成水质恶化的现象。

施工现场产生的污水主要包括雨水、污水（生活污水和生产污水）两类。

（一）保护地下水

1. 基坑降水尽可能少抽取地下水

（1）基坑降水优先采用基坑封闭降水措施。

（2）采用井点降水施工时，优先采用疏干井利用自渗效果将上层滞水引渗到下层潜水层，使大部分水资源重新回灌至地下。

（3）不得已必须抽取基坑水时，应根据施工进度进行水位检测，发现基坑抽水对周围环境可能造成不良影响，或者基坑抽水量大于50万m^3时，应进行地下水回灌，回灌时注意采取措施防止地下水被污染。

2. 现场所有污水有组织排放

现场道路、材料堆场、生产场地四周修建排水沟、集水井，做到现场所有污水不随意排放。化学品等有毒材料、油料的储存地，有严格的隔水层设计，并做好渗漏液收集和处理工作。施工机械设备使用和检修时，应控制油料污染；清洗机具的废水和废油不得直接排放。易挥发、易污染的液态材料，应使用密闭容器单独存放。

（二）污水处理

现场优先采用移动式厕所，并委托环卫单位定期清理。固定厕所配置化粪池，化粪池应定期清理并有防满溢措施。

现场厨房设置隔油池，隔油池定期清理并有防满溢措施。现场其他生产、生活污水经有组织排放后，配置沉淀池，经沉淀池沉淀处理后的污水，有条件的可以进行二次使用，不能二次使用的污水，经检测合格后排入市政污水管道。施工现场雨水、污水分开收集、排放。

（三）水质检测

不能二次使用的污水，委托有资质的单位进行废水水质检测，满足国家相关排放要求后，才能排入市政污水管道。有条件的单位可以采用微生物污水处理、沉淀剂、酸碱中和等技术处理工程污水，实现达标排放。

五、废气排放控制

施工现场的废气主要包括汽车尾气、机械设备废气、电焊烟气以及生活燃料排气等。严格机械设备和车辆的选型，禁止使用国家、地方限制或禁止使用的机械设备。优先使用国家、地方推荐使用的新设备。

加强现场内机械设备和车辆的管理，建立管理台账，跟踪机械设备和车辆的年检与修理情况，确保合格使用，现场生活燃料选用清洁燃料。

电焊烟气的排放符合国家相关标准的规定，严禁在现场熔化沥青或焚烧油毡、油漆以及其他产生有毒、有害烟尘和恶臭气体的物质。

六、建筑垃圾控制

工程施工过程中要产生大量废物，如泥沙、旧木板、钢筋废料和废弃包装物等，基本用于回填。大量未处理的垃圾露天堆放或简易填埋占用了大量的宝贵土地并污染环境，见表6-2。

表6-2　建筑垃圾主要组成及产生原因

垃圾成分	产生原因
渣土	土方开挖；场地平整；旧建筑拆除
碎砖	运输、装卸不当；设计和采购的砌体强度过低；施工不当（不合理的切割和组砌等）；倒塌
砂浆	运输不当（漏浆等）；施工不当（铺灰过厚、超过砂浆使用期、余料不及时回收等）；返工
混凝土	运输不当（漏撒等）；模板支撑不合理（胀模、漏浆等）；超计划进料；凿桩头；返工
木材	模板、木枋加工余料；拆模中损坏的模板；周转次数太多后无法继续使用的模板
钢材	下料中钢筋头；不合理下料产生的废料；多余的采购；不合格钢
包装材料	材料的外包装；半成品的保护材料（门窗框外保护材料等）
装饰材料	订货规格与建筑模数不符造成的多余切割；运输、装卸不当造成的破损；设计变更引起的材料改变；返工
混杂材料	交叉作业中以上各类垃圾的细小部分混杂在一起形成

（一）建筑垃圾减量

开工前制定建筑垃圾减量目标。通过加强材料领用和回收的监管，提高施工管理，减少垃圾产生以及重视绿色施工图纸会审，避免返工、返料等措施以减少建筑垃圾产量。

（二）建筑垃圾回收再利用

1．回收准备

（1）制定工程建筑垃圾分类回收再利用目标，并公示。

（2）制定建筑垃圾分类要求，分几类、怎么分类、各类垃圾回收的具体要求是什么都要明确规定，并在现场合适位置修建满足分类要求的建筑垃圾回收池。

（3）制订建筑垃圾现场再利用方案，建筑垃圾应尽可能在现场直接再利用，减少运出场地的能耗和对环境的污染。

（4）联系回收企业，以就近的原则联系相关建筑垃圾回收企业，如再生骨料混凝土、建筑垃圾砖、再生骨料砂浆生产厂家、金属材料再生企业等，并根据相关企业对建筑垃圾的要求，提出现场建筑垃圾回收分类的具体要求。

2．实施与监管

（1）制定尽可能详细的建筑垃圾管理制度，并落实到位。

（2）制定配套表格，确保所有建筑垃圾受到监控。

（3）对职工进行教育和强调，建筑垃圾尽可能全数按要求进行回收；尽可能在现场直接再利用。

（4）建筑垃圾回收及再利用情况及时分析，并将结果公示。发现与目标值偏差较大时，及时采取纠正措施。

七、地下设施、文物和资源保护

地下设施主要包括人防地下空间、民用建筑地下空间、地下通道和其他交通设施、地下市政管网等设施，这类设施处于隐蔽状态，在施工中要采取必要措施避免其受到损害。文物作为我国古代文明的象征，采取积极措施保护地下文物是每一个人的责任。世界矿产资源短缺，施工中做好矿产资源的保护工作也是绿色施工的重要环节。

（一）前期工作

施工前对施工现场地下土层、岩层进行勘探，探明施工部位是否存在地下设施、文物或矿产资源，并向有关单位和部门进行咨询和查询，最终认定施工场地存在地下设施、文物或矿产资源具体情况和位置。

对已探明的地下设施、文物或矿物资源，制定适当的保护措施，编制相关保护方案。方案须经相关部门同意并得到监理工程师认可后方可实施。对施工场区及周边的古树名木优先采取避让方法进行保护，不得已须进行移栽的应经相关部门同意并委托有资质的单位进行。

（二）施工中的保护

开工前和实施过程中，项目部应认真向每一位操作工人进行管线、文物及资源方面的技术交底，明确各自责任。应设置专人负责地下相关设施、文物及资源的保护工作，并需要经常检查保护措施的可靠性。当发现场地条件变化，保护措施失效。

督促检查操作人员，遵守操作规程，禁止违章作业、违章指挥和违章施工。开挖沟槽和基坑时，无论人工开挖还是机械开挖均须分层施工。每层挖掘深度宜控制在20~30cm。一旦遇到异常情况，必须仔细而缓慢挖掘，把情况弄清楚后或采取措施后方可按照正常方式继续开挖。

施工过程中如遇到露出的管线，必须采取相应的有效措施，如进行吊托、拉攀、砌筑等固定措施，并与有关单位取得联系，配合施工，以求施工安全可靠。施工过程中一旦发现文物，立即停止施工，保护现场并尽快通报文物部门并协助文物部门做好相应的工作。

施工过程中发现现状与交底或图纸内容、勘探资料不相符时或出现直接危及地下设施、文物或资源安全的异常情况时，应及时通知相关单位到场研究，商议制定补救措施，在未做出统一结论前，施工人员不得擅自处理。施工过程中一旦发生地下设施、文物或资源损坏事故，必须在24小时内报告主管部门和业主，不得隐瞒。

八、人员安全与健康管理

绿色施工讲究以人为本。在国内安全管理中，已引入职业健康安全管理体系，各建筑施工企业也都积极地进行职业健康安全管理体系的建立并取得体系认证，在施工生产中将原有的安全管理模式规范化、文件化、系统化地结合到职业健康安全管理体系中，使安全管理工作成为循序渐进、有章可循、自觉执行的管理行为。

（一）制度体系

绿色施工实施项目应按照国家法律、法规的有关要求，做好职工的劳动保护工作，制订施工现场环境保护和人员安全等突发事件的应急预案。制定施工防尘、防毒、防辐射等职业危害的措施，保障施工人员的长期职业健康。

施工现场建立卫生急救、保健防疫制度，在安全事故和疾病疫情出现时提供及时救助。现场食堂应有卫生许可证，炊事员应持有效的健康证明。

（二）场地布置

合理布置施工场地，保证生活及办公区不受施工活动的有害影响。高层建筑施工宜分楼层配备移动环保厕所，定期清运、消毒；现场设置医务室。

（三）管理规定

提供卫生、健康的工作与生活环境，加强对施工人员的住宿、膳食、饮用水等生活与环境卫生的管理，明显改善施工人员的生活条件。生活区有专人负责，提供消暑或保暖措施。

从事有毒、有害、有刺激性气味和强光、强噪声施工的人员佩戴与其相应的防护器具。深井、密闭环境、防水和室内装修施工有自然通风或临时通风设施。

现场危险设备、地段、有毒物品存放地配置醒目安全标志，施工应采取有效防毒、防污、防尘、防潮、通风等措施，加强人员健康管理。厕所、卫生设施、排水沟及阴暗潮湿地带定期消毒。食堂各类器具清洁，个人卫生、操作行为规范。

（四）其他

提供卫生清洁的生活饮用水。施工期间，派人送到施工作业面。茶水桶应安全、清洁，提供生活热水。

第二节　节材与材料资源利用

节材与材料资源利用是住房和城乡建设部重点推广领域之一，是指材料生产、施工、使用以及材料资源利用各环节的节材技术，包括绿色建材与新型建材、混凝土工程节材技术、钢筋工程节材技术、化学建材技术、建筑垃圾与工业废料回收应用技术等。

一、建材选用

（一）使用绿色建材

选用对人体危害小的绿色、环保建材，满足相关标准要求。绿色建材是指采用清洁生产技术、少用天然资源和能源、大量使用工业或城市固态废物生产的无毒害、无污染、无放射性、有利于环境保护和人体健康的建筑材料。它具有消磁、消声、调光、调温、隔热、防火、抗静电的性能，并具有调节人体机能的特种新型功能建筑材料。

（二）使用可再生建材

可再生建材是指在加工、制造、使用和再生过程中具有最低环境负荷的，不会明显地损害生物的多样性，不会引起水土流失和影响空气质量，并且能得到持续管理的建筑材料。主要是在当地形成良性循环的木材和竹材以及不需要较大程度开采、加工的石材和在土壤资源丰富地区，使用不会造成水土流失的土材料等。

（三）使用再生建材

再生建材是指材料本身是回收的工业或城市固态废物，经过加工再生产而形成的建筑材料如建筑垃圾砖、再生骨料混凝土、再生骨料砂浆等。

（四）使用新型环保建材

新型环保建材是指在材料的生产、使用、废弃和再生循环过程中以与生态环境相协调，满足最少资源和能源消耗、最小或无环境污染、最佳使用性能、最高循环再利用率要求设计生产的建筑材料。现阶段主要的新型环保建材有以下几种：

1. 以最低资源和能源消耗、最小环境污染代价生产传统建筑材料

是对传统建筑材料从生产工艺上的改良，减少资源和能源消耗，降低环境污染，如用新型干法工艺技术生产高质量水泥材料。

2. 发展大幅度减少建筑能耗的建材制品

采用具有保温、隔热等功效的新型建材，满足建筑节能率要求。如具有轻质、高强、防水、保温、隔热、隔声等优异功能的新型复合墙体。

3. 开发具有高性能长寿命的建筑材料

研究能延长构件使用寿命的建筑材料，延长建筑服务寿命，是最大的节约，如高性能混凝土等。

4. 发展具有改善居室生态环境和保健功能的建筑材料

我们居住的环境或多或少都会有噪声、粉尘、细菌、放射性等环境危害，发展此类新型建材，能有效改善我们的居住环境，如抗菌、除臭、调温、调湿、屏蔽有害射线的多功能玻璃、陶瓷、涂料等。

5. 发展能替代生产能耗高，对环境污染大，对人体有毒、有害的建筑材料

水泥因为在其生产过程中能耗高，环境污染大，一直是材料研究人员迫切想找到合适替代品替代的建材，现阶段主要依靠在水泥制品生产过程中添加外加剂，减少水泥用量来实现。如利用粉煤灰、矿渣、外加剂等新材料降低混凝土和砂浆中的水泥用量等。

（五）图纸会审时，应审核节材与材料资源利用的相关内容

审核主要材料生产厂家距施工现场的距离，尽量减少材料运距，降低运输能耗和材料运输损耗，绿色施工要求距施工现场500km以内生产的建筑材料用量占建筑材料总重量的70%以上。

在保证质量、安全的前提下，尽量选用绿色、环保的复合新型建材。在满足设计要求的前提下，通过优化结构体系，采用高强钢筋、高性能混凝土等措施，减少钢筋、混凝土用量。结合工程和施工现场周边情况，合理采用工厂化加工的部品和构件，减少现场材料生产，降低材料损耗，提高施工质量，加快施工进度。

（六）编制材料进场计划

根据进度编制详细的材料进场计划，明确材料进场的时间、批次，减少库存，降低材料存放损耗并减少仓储用地，同时防止到料过多造成退料的转运损失。

（七）制定节材目标

绿色施工要求主要材料损耗率比定额损耗率降低30%。开工前应结合工程实际情况，项目自身施工水平等制定主要材料的目标损耗率，并予以公示。

（八）限额领料

根据制定的主要材料目标损耗率和经审定的设计施工图，计算出主要材料的领用限额，根据领用限额控制每次的领用数量，最终实现节材目标。

（九）动态布置材料堆场

根据不同施工阶段特点，动态布置现场材料堆场，以就近卸载、方便使用为原则，避免和减少二次搬运，降低材料搬运损耗和能耗。

（十）场内运输和保管

材料场内运输工具适宜，装卸方法得当，有效避免损坏和遗撒造成的浪费。现场材料

堆放有序，储存环境适宜，措施得当。保管制度健全，责任落实。

（十一）新技术节材

施工中采取技术和管理措施提高模板、脚手架等周转次数。优化安装工程中预留、预埋、管线路径等方案，避免后凿后补，重复施工。现场建立废弃材料回收再利用系统，对建筑垃圾分类回收，尽可能在现场再利用。

二、结构材料

（一）混凝土

1．推广使用预拌混凝土和商品砂浆

预拌混凝土和商品砂浆大幅降低了施工现场的混凝土、砂浆生产，在减少材料损耗，降低环境污染，提高施工质量方面有绝对优势。

2．优化混凝土配合比

利用粉煤灰、矿渣、外加剂等新材料降低混凝土和砂浆中的水泥用量。

3．减少普通混凝土的用量，推广轻骨料混凝土

与普通混凝土相比，轻骨料混凝土具有自重轻、保温隔热性、抗火性、隔声性好等特点。

4．注重高强度混凝土的推广与应用

高强度混凝土不仅可以提高构件承载力，还可以减小混凝土构件的截面尺寸，减轻构件自重，延长使用寿命。

5．推广预制混凝土构件的使用

预制混凝土构件包括新型装配式楼盖、叠合楼盖、预制轻混凝土内外墙板和复合外墙板等，使用预制混凝土构件，可以减少现场生产作业量，节约材料，降低污染。

6．推广清水混凝土技术

清水混凝土属于一次性浇筑成型的材料，不需要其他外装饰，既节约材料又降低污染。

7．采用预应力混凝土结构技术

工程采用无黏结预应力混凝土结构技术，可节约钢材约25%、混凝土约1/3，同时减轻了结构自重。

（二）钢材

1．推广使用高强钢筋

使用高强钢筋，减少资源消耗。

2．推广和应用新型钢筋连接方法

采用机械连接、钢筋焊接网等新技术。

3．优化钢筋配料和钢构件下料方案

利用计算机技术在钢筋及钢构件制作前对其下料单及样品进行复核，无误后方可批量下料，减少下料不当造成的浪费。

4．采用钢筋专业化加工配送

钢筋专业化加工配送，减少钢筋余料的产生。

5．优化钢结构制作和安装方法

大型钢结构宜采用工厂制作，现场拼装；宜采用分段吊装、整体提升、滑移、顶升等安装方法，减少方案实施的用材量。

（三）围护材料

门窗、屋面、外墙等围护结构选用耐候性、耐久性较好的材料。一般来讲，屋面材料、外墙材料要具有良好的防水性能和保温隔热性能，而门窗多采用密封性、保温隔热性能、隔声性能良好的型材和玻璃等材料。

屋面或墙体等部位的保温隔热系统采用配套专用的材料，确保系统的安全性和耐久性。

施工中采取措施确保密封性、防水性和保温隔热性。特别是保温隔热系统与围护结构的节点处理，尽量降低热桥效应。

三、装饰装修材料

在购买装饰装修材料前，应充分了解建筑模数。尽量购买符合模数尺寸的装饰装修材料，减少现场裁切量。贴面类材料在施工前应进行总体排版，尽量减少非整块材料的数量。

尽量采用非木质的新材料或人造板材代替木质板材。防水卷材、壁纸、油漆及各类涂料基层必须符合国家标准要求，避免起皮、脱落。各类油漆及黏结剂应随用随开启，不用时应及时封闭。

幕墙及各类预留预埋应与结构施工同步。对于木制品及木装饰用料、玻璃等各类板材等宜在工厂采购或定制。尽可能采用自黏结片材，减少现场液态黏结剂的使用量。推广土建装修一体化设计与施工，减少后凿后补。

四、周转材料

周转材料，是指企业能够多次使用、逐渐转移其价值但仍保持原有形态不确认为固定资产的材料，在建筑工程施工中可多次利用使用的材料，如钢架杆、扣件、模板、支架等。

施工中的周转材料一般分为四类：①模板类材料：浇筑混凝土用的木模、钢模等，包括配合模板使用的支撑材料、滑模材料和扣件等。按固定资产管理的固定钢模和现场使用固定大模板则不包括在内。②挡板类材料：土方工程用的挡板等，包括用于挡板的支撑材料。③架料类材料：搭脚手架用的竹竿、木杆、竹木跳板、钢管及其扣件等。④其他：除以上各类之外，作为流动资产管理的其他周转材料，如塔式起重机使用的轻轨、枕木（不包括附属于塔式起重机的钢轨）以及施工过程中使用的安全网等。

（一）管理措施

1. 周转材料企业集中规模管理

周转材料归企业集中管理，在企业内灵活调度，减少材料闲置率，提高材料使用功效。

2. 加强材料管理

周转材料采购时，尽量选用耐用、维护与拆卸方便的周转材料和机具。同时，加强周转材料的维修和保养，金属材料使用后及时除锈、上油并妥善存放；木质材料使用后按大小、长短码放整齐，并确保存放条件，同时在全公司范围内积极调度，避免周转材料存放过久。

3. 严格使用要求

项目部应该制定详细的周转材料使用要求，包括建立完善的领用制度、严格周转材料使用制度（现场禁止私自裁切钢管、木枋、模板等）、周转材料报废制度等。优先选用制作、安装、拆除一体化的专业队伍进行模板施工。

（二）技术措施

优化施工方案，合理安排工期，在满足使用要求的前提下，尽可能减少周转材料租赁时间，做到“进场即用，用完即还”。推广使用定型钢模、钢框胶合板、铝合金模板、塑料模板等新型模板。

推广使用管件合一的脚手架体系。在多层、高层建筑建设过程中，推广使用可重复利用的模板体系和工具式模板支撑。高层建筑的外脚手架，采用整体提升、分段悬挑等方案。采用外墙保温板替代混凝土模板、叠合楼盖等新的施工技术，减少模板用量。

（三）临时设施

临时设施采用可拆迁、可回收材料。临时设施应充分利用既有建筑物、市政设施和周边道路。最大限度地利用已有围墙做现场围挡，或采用装配式可重复使用围挡封闭的方法。

现场办公和生活用房采用周转式活动房。现场钢筋棚、茶水室、安全防护设施等应定型化、工具化、标准化。力争工地临时用房、临时围挡材料的可重复使用率达到70%。

第三节　节水与水资源利用

我国的水资源存在两个问题：其一是水资源缺乏，我国是全球人均水资源最贫乏的国家之一；其二是水污染严重，多数城市的地下水资源受到一定程度的污染，而且日趋严重。

一、提高用水效率

（一）施工过程中采用先进的节水施工工艺

如现场水平结构混凝土采取覆盖薄膜的养护措施，竖向结构采取刷养护液养护，杜绝了无措施浇水养护；对已安装完毕的管道进行打压调试，采取从高到低、分段打压，利用管道内已有水循环调试等。

（二）施工现场供、排水系统合理适用

施工现场给水管网的布置本着“管路就近、供水畅通、安全可靠”的原则。在管路上设置多个供水点，并尽量使这些供水点构成环路，同时应考虑不同施工阶段管网具有移动的可能性。应制定相关措施和监督机制，确保管网和用水器具不渗漏。

（三）制定用水定额

根据工程特点，开工前制定用水定额，定额应按生产用水、生活办公用水分开制定，

并分别建立计量管理机制。大型工程应该分不同单项工程、不同标段、不同施工阶段、不同分包生活区制定用水定额，并采取不同的计量管理机制。

签订标段分包或劳务合同时，应将用水定额指标纳入相关合同条款，并在施工过程中计量考核。专项重点用水考核，对混凝土养护、砂浆搅拌等用水集中区域和工艺点单独安装水表，进行计量考核，并建立相关制度配合执行。

（四）使用节水器具

施工现场办公室、生活区的生活用水100%采用节水器具，并派专人定期维护。

（五）施工现场建立雨水、废水收集利用系统

施工场地较大的项目，可建立雨水收集系统，回收的雨水用于绿化灌溉、机具车辆清洗等；也可修建透水混凝土地面，直接将雨水渗透到地下滞水层，补充地下水资源。现场机具、设备、车辆冲洗用水应建立循环用水装置。现场混凝土养护、冲洗搅拌机等施工过程用水应建立回收系统，回收水可用于现场洒水降尘等。

二、非传统水源利用

非传统水源不同于传统地表水供水和地下水供水的水源，包括再生水、雨水、海水等。

（一）基坑降水利用

基坑优先采取封闭降水措施，尽可能少地抽取地下水。不得已需要基坑降水时，应该建立基坑降水储存装置，将基坑水储存并加以利用。基坑水可用于绿化浇灌、道路清洁洒水、机具设备清洗等，也可用于混凝土养护用水和部分生活用水。

（二）雨水收集利用

施工面积较大，地区年降雨量充沛的施工现场，可以考虑雨水回收利用。收集的雨水可用于洗衣、洗车、冲洗厕所、绿化浇灌、道路冲洗等，也可采取透水地面等直接将雨水渗透至地下，补充地下水。雨水收集可以与废水回收结合进行，共用一套回收系统。雨水收集应注意蒸发量，收集系统尽量建于室内或地下，建于室外时，应加以覆以减少蒸发。

（三）施工过程水回收

现场机具、设备、车辆冲洗用水应建立循环用水装置。现场混凝土养护、冲洗搅拌机

等施工过程用水应建立回收系统，回收水可用于现场洒水降尘等。

三、安全用水

基坑降水再利用、雨水收集、施工过程水回收等非传统水源再利用时，应注意用水工艺对水质的要求，必要时进行有效的水质检测，确保满足使用要求。一般回收水不用于生活饮用水。利用雨水补充地下水资源时，应注意渗透地面地表的卫生状况，避免雨水渗透污染地下水资源。不能二次利用的现场污水，应经过必要处理，经检验满足排放标准后方可排入市政管网。

第四节 节能与能源利用

施工节能是指建筑工程施工企业采取技术上可行、经济上合理、有利于环境、社会可接受的措施，提高施工所耗费能源的利用率。施工节能主要是从施工组织设计、施工机械设备及机具、施工临时设施等方面，在保证安全的前提下，最大限度地降低施工过程中的能量损耗，提高能源利用率。

一、节能措施

（一）制定合理的施工能耗指标，提高施工能源利用率

施工能耗非常复杂，目前尚无一套比较权威的能耗指标体系供大家参考。因此，制定合理的施工能耗指标必须依靠施工企业自身的管理经验，结合工程实际情况，按照“科学、务实、前瞻、动态、可操作”的原则进行，并在实施过程中全面细致地收集相关数据，及时调整相关指标，最终形成比较准确的单个工程能耗指标供类似工程参考。

根据工程特点，开工前制定能耗定额，定额应按生产能耗、生活办公能耗分开制定，并分别建立计量管理机制。一般能耗为电能、油耗较大的土木工程、市政工程等还包括油耗。

大型工程应该分不同单项工程、不同标段、不同施工阶段、不同分包生活区制定能耗定额，并采取不同的计量管理机制。进行进场教育和技术交底时，应将能耗定额指标一并交底，并在施工过程中计量考核。

专项重点能耗考核，对大型施工机械，如塔式起重机、施工电梯等，单独安装电表，进行计量考核，并有相关制度配合执行。

（二）优先使用国家、行业推荐的节能、高效、环保的施工设备和机具

国家、行业和地方会定期发布推荐、限制和禁止使用的设备、机具、产品名录，绿色施工禁止使用国家、行业、地方政府明令淘汰的施工设备、机具和产品，推荐使用节能、高效、环保的施工设备和机具。

（三）施工现场

分别设定生产、生活、办公和施工设备的用电控制指标，定期进行计量、核算、对比分析，并有预防和纠正措施。按生产、生活、办公三区分别安装电表进行用电统计，同时，大型耗电设备做到一机一表单独用电计量。定期对电表进行读数，并及时将数据进行横向、纵向对比，分析结果，发现与目标值偏差较大或单块电表发生数据突变时，应进行专题分析，采取必要措施。

在施工组织设计中，合理安排施工顺序、工作面，以减少作业区域的机具数量，相邻作业区充分利用共有的机具资源。在编制绿色施工专项施工方案时，应进行施工机具的优化设计。优化设计应包括：①安排施工工艺时，优先考虑能耗较少的施工工艺。例如在进行钢筋连接施工时，尽量采用机械连接，减少采用焊接连接。②设备选型应在充分了解使用功率的前提下进行，避免设备额定功率远大于使用功率或超负荷使用设备的现象。③合理安排施工顺序和工作面，科学安排施工机具的使用频次、进场时间、安装位置、使用时间等，减少施工现场机械的使用数量和占用时间。④相邻作业区应充分利用共有的机具资源。

根据当地气候和自然资源条件，充分利用太阳能、地热等可再生能源；太阳能、地热等作为可再生的清洁能源，在节能措施中应该利用一切条件加以利用。在施工工序和时间的安排上，应尽量避免夜间施工，充分利用太阳光照。另外，在办公室、宿舍的朝向、开窗位置和面积等的设计上也应充分考虑自然光照射，节约电能。太阳能热水器作为可多次使用的节能设备，有条件的项目也可以配备，作为生活热水的部分来源。

二、机械设备与机具

（一）建立施工机械设备管理制度

进入施工现场的机械设备都应建立档案，详细记录机械设备名称、型号、进场时间、年检要求、进场检查情况等。大型机械设备定人、定机、定岗，实行机长负责制。

机械设备操作人员应持有相应上岗证，并进行了绿色施工专项培训，有较强的责任心

和绿色施工意识，在日常操作中，有意识节能。建立机械设备维护保养管理制度，建立机械设备年检台账、保养记录台账等，做到机械设备日常维护管理与定期维护管理双到位，确保设备低耗、高效运行。大型设备单独进行用电、用油计量，并做好数据收集，及时进行分析比对，发现异常，及时采取纠正措施。

（二）机械设备的选择和使用

选择功率与负载相匹配的施工机械设备，避免大功率施工机械设备低负载长时间运行。机电安装可采用节电型机械设备，如逆变式电焊机和能耗低、效率高的手持电动工具等，以利节电。机械设备宜使用节能型油料添加剂，在可能的情况下，考虑回收利用，节约油量。

（三）合理安排工序

工程应结合当地情况、公司技术装备能力、设备配置情况等确定科学的施工工序。工序的确定以满足基本生产要求，提高各种机械的使用率和满载率，降低各种设备的单位能耗为目的。施工中，可编制机械设备专项施工组织设计。编制过程中，应结合科学的施工工序，用科学的方法进行设备优化，确定各设备功率和进出场时间，并在实施过程中，严格执行。

三、生产、生活及办公临时设施

利用场地自然条件，合理设计生产、生活及办公临时设施的体形、朝向、间距和窗墙面积比，使其获得良好的日照、通风和采光。可根据需要在其外墙窗设遮阳设施。建筑物的体形用体形系数来表示，是指建筑物解除室外大气的外表面积与其所包围的体积的比值。体积小、体形复杂的建筑，体形系数较大，对节能不利；因此应选择体积大、体形简单的建筑，体形系数较小，对节能较为有利。

我国地处北半球，太阳光一般都偏南，因此，建筑物南北朝向比东西朝向节能。窗墙面积比为窗户洞口面积与房间立面单元面积（房间层高与开间定位线围成的面积）的比值。加大窗墙面积比，对节能不利，因此外窗面积不应过大。

临时设施宜采用节能材料，墙体、屋面使用隔热性能好的材料，减少夏季空调设备的使用时间及能耗。临时设施用房宜使用热工性能达标的复合墙体和屋面板，顶棚宜进行吊顶。

合理配置采暖、空调、风扇数量，并有相关制度确保合理使用，节约用电。应有相关制度保证合理使用，如规定空调使用温度限制、分段分时使用以及按户计量，定额使用等。

四、施工用电及照明

临时用电优先选用节能电线和节能灯具。采用声控、光控等节能照明灯具。电线节能要求合理选用电线、电缆的截面。绿色施工要求办公、生活和施工现场，采用节能照明灯具的数量宜大于80%，并且照明灯具的控制可采用声控、光控等节能控制措施。

临时用电线路合理设计、布置，临时用电设备宜采用自动控制装置。在工程开工前，对建筑施工现场进行系统的、有针对性的分析，针对施工各用电位置，进行临时用电线路设计，在保证工程用电就近的前提下，避免重复铺设和浪费铺设，减少用电设备与电源间的路程，降低电能传输过程的损耗。制定齐全的管理制度，对临时用电各条线路制定管理、维护、用电控制等措施，并落实到位。照明设计以满足最低照度为原则，照度不应超过最低照度的20%。

根据施工总进度计划，在施工进度允许的前提下，尽可能少地进行夜间施工。夜间施工完成后，关闭现场施工区域内大部分照明，仅留必要的和小功率的照明设施。生活照明用电采用节能灯，生活区夜间规定时间内关灯并切断供电。办公室白天尽可能使用自然光源照明，办公室所有管理人员养成随手关灯的习惯，下班时关闭办公室内所有用电的设备。

第五节　节地与施工用地保护

临时用地是指在工程建设施工和地质勘察中，建设用地单位或个人在短期内需要临时使用，不宜办理征地和农用地转用手续的，或者在施工、勘察完毕后不再需要使用的国有或者农民集体所有的土地（不包括因临时使用建筑或者其他设施而使用的土地）。

临时用地就是临时使用而非长久使用的土地，在法规表述上可称为“临时使用的土地”，与一般建设用地不同的是：临时用地不改变土地用途和土地权属，只涉及经济补偿和地貌恢复等问题。

一、临时用地指标

临时设施要求平面布置合理、组织科学、占地面积小，在满足环境、职业健康与安全及文明施工要求的前提下尽可能减少废弃地和死角，临时设施占地面积有效利用率大于90%。

根据施工规模及现场条件等因素合理确定临时设施，如临时加工厂、现场作业棚及材料堆场、办公生活设施等的占地指标。临时设施的占地面积应按用地指标所需的最低面积设计。

建设工程施工现场用地范围，以规划行政主管部门批准的建设工程用地和临时用地范围为准，必须在批准的范围内组织施工。如因工程需要，临时用地超出审批范围，必须提前到相关部门办理批准手续后方可占用。

场内交通道路布置应满足各种车辆机具设备进出场、消防安全疏散要求，方便场内运输。场内交通道路双车道宽度不宜大于6m，单车道不宜大于3.5m，转弯半径不宜大于15m，且尽量形成环形通道。

二、临时用地保护

（一）合理减少临时用地

在环境和技术条件可能的情况下，积极应用新技术、新工艺、新材料，避开传统的、落后的施工方法，例如在地下工程施工中尽量采用顶管、盾构、非开挖水平定向钻孔等先进施工方法，避免传统的大开挖，减少施工对环境的影响。

深基坑施工，应考虑设置挡墙、护坡、护脚等防护设施，以缩短边坡长度。在技术经济比较的基础上，对深基坑的边坡坡度、排水沟形式与尺寸、基坑填料、取弃土设计等方案进行比选，避免高填深挖，尽量减少土方开挖和回填量，最大限度地减少对土地的扰动，保护周边自然生态环境。

合理确定施工场地取土和弃土场地地点，尽量利用山地、荒地作为取、弃土场用地；有条件的地方，尽量采用符合技术标准的工业废料、建筑废渣填筑，减少取土用地。尽量使用工厂化加工的材料和构件，减少现场加工占地量。

（二）红线外临时占地应环保

红线外临时占地应尽量使用荒地、废地，少占用农田和耕地。工程完工后，及时对红线外占地恢复原地形、地貌，使施工活动对周边环境的影响降至最低。

（三）利用和保护施工用地范围内原有绿色植被

施工用地范围内原有绿色植被，尽可能原地保护，不得已须移栽时，请有资质的相关单位组织实施；施工完后，尽快恢复原有地貌。对于施工周期较长的现场，可按建筑永久绿化的要求，安排场地新建绿化。

三、施工总平面布置

不同施工阶段有不同的施工重点，因此，施工总平面布置应随着工程进展，动态布置。施工总平面布置应做到科学、合理，充分利用原有建筑物、构筑物、道路、管线为施工服务。

施工现场搅拌站、仓库、加工厂、作业棚、材料堆场等布置应尽量靠近已有交通线路或即将修建的正式或临时交通道路，缩短运输距离。临时办公和生活用房应采用经济、美观、占地面积小、对周边地貌环境影响较小，且适合于施工平面布置动态调整的多层轻钢活动板房、钢骨架多层水泥活动板房等可重复使用的装配式结构。

生活区和生产区应分开布置，生活区远离有毒有害物质，并宜设置标准的分隔设施，避免受生产影响。施工现场围墙可采用连续封闭的轻钢结构预制装配式活动围挡，减少建筑垃圾，保护土地。

施工现场道路布置按永久道路和临时道路相结合的原则布置，施工现场内形成环形通路，减少道路占用土地。临时设施布置注意远近结合（本期工程与下期工程），努力减少和避免大量临时建筑拆迁和场地搬迁。现场内裸露土方应有防水土流失措施。

第七章　绿色建筑运营管理

一座绿色建筑的整个生命周期内，运营管理是保障绿色建筑性能，实现节能、节水、节材与保护环境的重要环节，我们应该处理好住户、建筑和自然三者之间的关系，它既要为住户创造一个安全、舒适的空间环境，又要保护好周围的自然环境，做到节能、节水、节材及绿化等工作，实现绿色建筑各项设计指标。因此，对绿色建筑的运营管理工作应该体现在建筑的整个运营过程中，并引起我们的高度重视，尤其是对绿色建筑设备的运行管理与维护在绿色建筑整个生命周期内起到了至关重要的作用，即根据绿色建筑的形式、功能等要求，要对建筑内的室内环境、建筑设备、门窗等因素进行动态控制，使绿色建筑在整个使用周期内有一个良性的运行，保证其“绿色”运行。但是，通常人们对绿色建筑的认识还存在误区：人们最容易想到采用节能技术以达到建筑节能的目的，却往往忽略管理上的节能潜力；通过技术改造实现节能，节能效果容易量化，但管理节能实现量化比较困难。

第一节　绿色建筑及设备运营管理

绿色建筑的最大特点是将可持续性和全生命周期综合考虑，从建筑的全生命周期的角度考虑和运用“四节一环保”目标和策略，实现建筑的绿色内涵，而建筑的运行阶段占整个建筑全生命时限的95%以上。可见，要实现“四节一环保”的目标，不仅要使这种理念体现在规划、设计和建造阶段，更需要提升和优化运行阶段的管理技术水平和模式，并在建筑的运行阶段得到落实。

一座环保绿色的建筑不仅要提供健康的室内空气，而且对热、冷和潮湿也要提供防护。和较好的室内空气品质一样，合适的热湿环境对建筑使用者的健康、舒适性和工作效率也非常重要，并且在保证对建筑使用者的健康、舒适性和工作效率的同时，还要考虑建筑及建筑设备运行时是否节能减排，由此可以确定建筑及建筑设备运行管理的原则包括三方面：一是控制室内空气品质；二是控制热舒适性；三是节能减排。根据建筑及建筑设备运行管理的原则和绿色建筑技术导论中提到的绿色建筑运行管理的技术要点，其管理的内容分为室内环境参数管理、建筑设备运行管理、建筑门窗管理。

一、室内环境参数管理

（一）合理确定室内温、湿度和风速

假设空调室外计算参数为定值时，夏季空调室内空气计算温度和湿度越低，房间的计算冷负荷就越大，系统耗能也越大。研究证明，在不降低室内舒适度标准的前提下，合理组合室内空气设计参数可以收到明显的节能效果。

随室内温度的变化，节能率呈线性规律变化，室内设计温度每提高1℃，中央空调系统将减少能耗约6%。当相对湿度大于50%时，节能率随相对湿度呈线性规律变化。由于夏季室内设计相对湿度一般不会低于50%，所以以50%为基准，相对湿度每增加5%，节能10%。因此，在实际控制过程中，我们可以通过楼宇自动控制设备，使空调系统的运行温度和设定温度差控制在0.5℃以内，不要盲目地追求夏季室内温度过低，冬季室内温度过高。

通常认为20℃左右是人们最佳的工作温度；25℃以上人体开始出现一些状况的变化（皮肤温度出现升高，接下来出汗，体力下降以及消化系统等发生变化）；30℃左右时，人们开始心慌、烦闷；50℃的环境里人体只能忍受1小时。确定绿色建筑室内标准值的时候，我们可以在国家《室内空气质量标准》的基础上做适度调整。随着节能技术的应用，我们通常把室内温度，在采暖期控制在16℃左右。制冷时期，由于人们的生活习惯，当室内温度超过26℃时，并不一定就开空调，通常人们有一个容忍限度，即在29℃时，人们才开空调，所以在运行期间，通常我们把室内空调温度控制在29℃。

空气湿度对人体的热平衡和湿热感觉有重大的作用。通常在高温高湿的情况下，人体散热困难，使人感到透不过气，若湿度降低，会感到凉爽。低温高湿环境下虽说人们感觉更加阴凉，如果降低湿度，会感觉到加温，人体会更舒适。所以根据室内相对湿度标准，在国家《室内空气质量标准》的基础上做了适度调整，采暖期一般应保证在30%以上，制冷期应控制在70%以下。

室内风速对人体的舒适感影响很大。当气温高于人体皮肤温度时，增加风速可以提高人体的舒适度，但是如果风速过大，会有吹风感。在寒冷的冬季，增加风速使人感觉更冷，但是风速不能太小，如果风速过小，人们会产生沉闷的感觉。因此，采纳国家《室内空气质量标准》的规定，采暖期在0.2m/s以下，制冷期在0.3m/s以下。

（二）合理控制新风量

根据卫生要求，建筑内每人都必须保证有一定的新风量。但新风量取得过多，将增加新风耗能量。所以新风量应该根据室内允许 CO_2 浓度和根据季节及时间的变化以及空气的污染情况，来控制新风量以保证室内空气的新鲜度。一般根据气候分区的不同，在夏热冬暖地区主要考虑的是通风问题，换气次数控制在0.5次/h，在夏热冬冷地区则控制在0.3次/h，寒冷地区和严寒地区则应控制在0.2次/h。通常新风量的控制是智能控制，根据建筑的类型、用途、室内外环境参数等进行动态控制。

（三）合理控制室内污染物

控制室内污染物的具体措施有：采用回风的空调室内应严格禁烟；采用污染物散发量小或者无污染的“绿色”建筑装饰材料、家具、设备等，养成良好的个人卫生习惯，定期清洁系统设备，及时清洗或更换过滤器等；监控室外空气状况，对室外引入的新风系统应进行清洁过滤处理；提高过滤效果，超标时能及时对其进行控制；对复印机室和打字室、餐厅、厨房、卫生间等产生污染源的地方进行处理，避免建筑物内的交叉污染。必要时在这些地方进行强制通风换气。

二、建筑设备运行管理

（一）做好设备运行管理的基础资料工作

基础资料工作是设备管理工作的根本依据，基础资料必须正确齐全。利用现代手段，运用计算机进行管理，使基础资料电子化、网络化，活化其作用。设备的基础资料包括以下几点：

1. 设备的原始档案

指基本技术参数和设备价格；质量合格证书；使用安装说明书；验收资料；安装调试及验收记录；出厂、安装、使用的日期。

2. 设备卡片及设备台账

设备卡片将所有设备按系统或部门、场所编号。按编号将设备卡片会集进行统一登记，形成一本企业的设备台账，从而反映全部设备的基本情况，给设备管理工作提供方便。

3. 设备技术登记簿

在登记簿上记录设备从开始使用到报废的全过程。包括规划、设计、制造、购置、安装、调试、使用、维修、改造、更新及报废，都要进行比较详细的记载。每台设备建立一本设备技术登记簿，做到设备技术登记及时准确齐全，反映该台设备的真实情况，用于指导实际工作。

4. 设备系统资料

建筑的物业设备都是组成系统才发挥作用的。例如中央空调系统由冷水机组、冷却泵、冷冻泵、空调末端设备、冷却塔、管道、阀门、电控设备及监控调节装置等一系列设备组成，任何一种设备或传导设施发生故障，系统都不能正常制冷。因此，除了设备单机资料的管理之外，对系统的资料管理也必须加以重视。系统的资料包括竣工图和系统图。竣工图：在设备安装、改进施工时原则上应该按施工图施工，但在实际施工时往往会碰到许多具体问题需要变动，把变动的地方在施工图上随时标注或记录下来，等施工结束，把施工中变动的地方全部用图重新标示出来，符合实际情况，绘制竣工图，交资料室及管理设备部门保管。系统图：竣工图是整个物业或整个层面的布置图，在竣工图上各类管线密密麻麻，纵横交错，非常复杂，不熟悉的人员一时也很难查阅清楚。而系统图就是把各系统分割成若干子系统（也称分系统），子系统中可以用文字对系统的结构原理、运作过程及一些重要部件的具体位置等做比较详细的说明，表示方法灵活直观、图文并茂，使人一目了然，可以很快解决问题。并且把系统图绘制成大图，可以挂在工程部墙上强化员工的培训教育意识。

（二）合理匹配设备，实现经济运行

合理匹配设备，是建筑节能关键。否则，匹配不合理，“大马拉小车”，不仅运行效率低下，而且设备损失和浪费都很大。在合理匹配设备方面，应注意以下几点：

1. 注意安全运行

要注意在满足安全运行、启动、制动和调速等方面的情况下，选择好额定功率恰当的电动机，避免选择功率过大而造成的浪费和功率过小而电动机过载运行，缩短电机寿命的现象。

2. 要合理选择变压器容量

由于使用变压器的固定费用较高且按容量计算，而且在启用变压器时也要根据变压器的容量大小向电力部门交纳增容费。因此，合理选择变压器的容量也至关重要。选得太小，过负荷运行变压器会因过热而烧坏；选得太大，不仅增加了设备投资和电力增容等费用，同时耗损也很大，使变压器运行效率低，能量损失大。

3. 注意按照前后工序的需要

要注意按照前后工序的需要，合理匹配各工序各工段的主辅机设备，使上下工序达到

优化配置和合理衔接，实现前后工序能力和规模的和谐一致，避免因某一工序匹配过大或过小而造成浪费资源和能源的现象。要合理配置办公、生活设施，比如空调的选用，要根据房间面积去选择合适的空调型号和性能，否则功率过大造成浪费，功率过小又达不到效果。

（三）动态更新设备，最大限度发挥设备能力

设备技术和工艺落后，往往是产生性能差、消耗高、运行成本高、污染大的一个重要原因，同时对安全管理等方面也有很大影响。因此，要实现节能减排，必须下决心去尽快淘汰那些能耗高、污染大的落后设备和工艺。在淘汰落后设备和技术工艺中，应注意以下几个事项：①根据实际情况，对设备实行梯级利用和调节使用，逐步把节能型设备从开动率高的环节向使用率低的环节动态更新，把节能型设备用在开动率高的环节上，更换下的高能耗设备用在开动率低的环节上。这样换下来的设备用在开动率低的环节后，虽然能耗大、效率低，但由于开动的次数少，反而比投入新设备的成本还低。②要注意对闲置设备按照节能减排的要求进行革新和改造，努力盘活这些设备并用于运行中。③要注意单体设备节能向系统优化节能转变，全面考虑工艺配套，使工艺设备不仅在技术设备上高起点，而且在节能上高起点。

（四）合理利用和管理设备，实现最优化利用能量

节能减排的效率和水平很大程度上取决于设备管理水平的高低。加强设备管理是不需要投资或少投资就能收到节能减排效果的措施。在设备管理上，应注意以下几个事项：①要把设备管理纳入经济责任制严格考核，对重点设备指定专人操作和管理。②要注意削峰填谷，例如蓄冷空调。针对建筑的性质和用途以及建筑冷负荷的变化和分配规律来确定蓄冷空调的动态控制，完善峰谷分时电价，分季电价，尽量安排利用低谷电。特别是大容量的设备要尽量放在夜间运行。③设备要做到在不影响使用效果的情况下科学合理使用，根据用电设备的性能和特点，因时因地因物制宜，做到能不用的尽量不用，能少用的尽量少用，在开机次数、开机时间等方面灵活掌握，严格执行主机停、辅机停的管理制度。如：一台115匹分体式空调机如果温度调高1℃，按运行10h计算能节省0.5度电，而调高1℃，人所能感到的舒适度并不会降低。④摸清建筑节电潜力和存在的问题，有针对性地采取切实可行的措施挖潜降耗，坚决杜绝白昼灯、长明灯、长流水等浪费能源的现象发生，提高节能减排的精细化管理水平。

（五）养成良好的习惯，减少待机设备

待机设备是指设备连接到电源上且处于等待状态的耗电设备。在企业的生产和生活中，许多设备大多有待机功能，在电源开关未关闭的情况下，用电设备内部的部分电路处于待机状态，照样会耗能。比如：电脑主机关后不关显示器、打印机电源；电视机不看时只关掉电视开关，而电源插头并未拔掉；企业生产中有许多不是连续使用的设备和辅助设备，操作工人为了使用上的便利，在这些设备暂不使用时将其处于待机通电状态。由于诸如此类的许多待机功耗在作怪，等于在做无功损耗，这样不仅会耗费可观的电能，造成大量电能的隐性浪费，而且释放出的 CO_2 还会对环境造成不同程度的影响。

因此，在节能减排方面，我们要注意消除隐性浪费，这不仅有利于节约能源，也有利于减少环保压力。要消除待机状态，这其实是一件很容易的事情，只要对生产、生活、办公设备长时间不使用时彻底关掉电源就可以了。如果我们每个企业都养成这样良好的用电习惯，每年就可以减少很多设备的待机时间，节约大量能耗。

三、建筑门窗管理

绿色建筑是资源和能源的有效利用、保护环境、亲和自然、舒适、健康、安全的建筑，然而实现其真正节能，我们通常就是利用建筑自身和天然能源来保障室内环境品质。基本思路是使日光、热、空气仅在有益时进入建筑，其目的是控制阳光和空气于恰当的时间进入建筑，以及储存和分配热空气和冷空气以备需要。手段则是通过建筑门窗的管理，实现其绿色的效果。

（一）利用门窗控制室内热量、采光等问题的措施

太阳通过窗口进入室内，一方面，增加进入室内的太阳辐射，可以充分利用昼光照明，减少电气照明的能耗，也减少照明引起的夏季空调冷负荷，减少冬季采暖负荷；另一方面，增加进入室内的太阳辐射又会引起空调冷负荷的增加。针对此问题采取以下几项具体措施。

1. 建筑外遮阳

为了取得遮阳效果的最大化，遮阳构件有可调性增强、便于操作及智能化控制的趋向。有的可以根据气候或天气情况调节遮阳角度；有的可以根据居住者的使用情况（在或不在），自动开关，达到最有效的节能。具体形式有：遮阳卷帘、活动百叶遮阳、遮阳篷、遮阳纱幕等。

下面介绍一下自动卷帘遮阳棚的运作模式。它在解决室内自然采光和节能、热舒适性

的同时，还可以解决因夏季室内过热，而增加室内空调能耗的问题，可根据季节、日照、气温的变化而实现灵活控制。

在夏季完全伸展时，可遮挡大部分太阳辐射和光线，减少眩光的同时能够引入足够的内部光线；冬季时可以完全打开，使阳光进入建筑空间，提高内部温度的同时也提高了照明水平；在过渡季节，则根据室外日照变化自动控制中庭遮阳篷的运行模式。

2. 窗口内遮阳

目前窗帘的选择，主要是根据住户的个人喜好来选择面料和颜色的，很少顾及节能的要求。相比外遮阳，窗帘遮阳更灵活，更易于用户根据季节天气变化来调节适合的开启方式，不易受外界破坏。内遮阳的形式有：百叶窗帘、百叶窗、拉帘、卷帘等。材料则多种多样，有布料、塑料、金属、竹、木等。内遮阳也有不足的地方。当采用内遮阳的时候，太阳辐射穿过玻璃，使内遮阳帘自身受热升温。这部分热量实际上已经进入室内，有很大一部分将通过对流和辐射的方式，使室内的温度升高。

3. 玻璃自遮阳

利用窗户玻璃自身的遮阳性能，阻断部分阳光进入室内。玻璃自身的遮阳性能对节能的影响很大，应该选择遮阳系数小的玻璃。遮阳性能好的玻璃常见的有吸热玻璃、热反射玻璃、低辐射玻璃。这几种玻璃的遮阳系数低，具有良好的遮阳效果。值得注意的是，前两种玻璃对采光有不同程度的影响，而低辐射玻璃的透光性能良好。此外，利用玻璃进行遮阳时，必须是关闭窗户的，会给房间的自然通风造成一定的影响，使滞留在室内的部分热量无法散发出去。所以，尽管玻璃自身的遮阳性能是值得肯定的，但是还必须配合百叶遮阳等措施，才能取长补短。

采用通风窗技术将空调回风引入双层窗夹层空间，带走由日照引起的中间层百叶温度升高的对流热量。中间层百叶在光电控制下自动改变角度，遮挡直射阳光、透过散射可见光。

（二）利用门窗有组织地控制自然通风

自然通风是当今生态建筑中广泛采用的一项技术措施。它是一项久远的技术，我国传统建筑平面布局坐北朝南，讲究穿堂风，都是自然通风、节省能源的朴素运用。只不过当现代人再次意识到它时，才感到更加珍贵，并与现代技术相结合，从理论到实践都将其提高到一个新的高度。在建筑设计中自然通风涉及建筑形式、热压、风压、室外空气的热湿状态和污染情况等诸多因素。自然通风可以在过渡季节提供新鲜空气和降温，也可以在空调供冷季节利用夜间通风，降低围护结构和家具的蓄热量，减少第二天空调的启动负荷。

实验表明，充分的夜间通风可使白天室温低2~4℃。日本松下电器情报大楼、高崎市政府大楼等都利用了有组织的自然通风对中庭或办公室通风，过渡季节免开空调。在外窗不能开启和有双层或三层玻璃幕墙的建筑中，还可以利用间接自然通风，即将室外空气引入玻璃间层内，再排到室外。这种结构不同于一般玻璃幕墙，双层玻璃之间留有较大的空间，被称为“会呼吸的皮肤”。冬季，双层玻璃间层形成阳光温室，提高建筑围护结构表面温度。夏季，利用烟囱效应在间层内通风，将间层内热空气带走。自然通风在生态建筑上的应用目的就是尽量减少传统空调制冷系统的使用，从而减少能耗、降低污染。实际工程中通过对窗的自动控制实现自然通风的有效利用，例如，以下为上海某绿色办公室自然通风运作管理模式。

一般办公室工作时间（8：30—17：00）空调系统开启，而下班后“人去楼空”，室外气温却开始下降，这时通过采取自然通风的运行管理模式将室内余热散去，可以为第二天的早晨提供一个清凉的办公室室内环境，不仅有利于空调节能，更有利于让有限的太阳能空调负荷发挥最佳的降温效果，使办公室在日间经历高温的时段室内温度控制在舒适范围。17：00（下班时间）以后，如果室内温度超过24℃时，出现0：00—8：00时段，室外温度低于室内温度；17：00—0：00时段，室外温度低于至内温度；17：00—8：00时段，室外温度低于室内温度等情况之一，则按照各自情况的时段将侧窗打开，同时促进自然通风的通风风道开启。通过对窗的开启进行自动控制，从而实现高效的运行，既降低空调能耗，又提高室内热舒适性。

第二节　绿色建筑节能检测和诊断

一、节能检测和计量

（一）节能检测

根据对建筑节能影响因素和现场检测的可实施性分析，我们认为，能够在试验室检测的宜在试验室检测（如门窗等作为产品在工程使用前后它的性状不会发生改变）；除此之外，只有围护结构是在建造过程中形成的，对它的检测只能在现场进行。因此，建筑节能现场检测最主要的项目是围护结构的传热系数，这也是最重要的项目。如何准确测量墙体传热系数是建筑节能现场检测验收的关键。目前对建筑节能现场检测围护结构（一般测外墙和屋顶、架空地板）传热系数的方法主要有热流计法、热箱法、红外热像仪法和常功率平面热源法四种。

1. 热流计法

热流计是建筑能耗测定中常用仪表，该方法采用热流计及温度传感器测量通过构件的热流值和表面温度，通过计算得出其热阻和传热系数。

其检测基本原理为：在被测部位布置热流计，在热流计周围的内外表面布置热电偶，通过导线把所测试的各部分连接起来，将测试信号直接输入计算机，通过计算机数据处理，可打印出热流值及温度读数。当传热过程稳定后，开始计量。为使测试结果准确，测试时应在连续采暖（人为制造室内外温差亦可）稳定至少 7 天的房间中进行。一般来讲，室内外温差愈大（要求必须大于 20℃），其测量误差相对愈小，所得结果亦较为精确，其缺点是受季节限制。该方法是目前国内外常用的现场测试方法，国际标准和美国 ASTM 标准都对热流计法做了较为详细的规定。

2. 热箱法

热箱法是测定热箱内电加热器所发出的全部通过围护结构的热量及围护结构冷热表面温度。它分为标定热箱法和防护热箱法两种。

其基本检测原理是用人工制造一个一维传热环境，被测部位的内侧用热箱模拟采暖建筑室内条件并使热箱内和室内空气温度保持一致，另一侧为室外自然条件，维持热箱内温度高于室外温度 8℃以上，这样被测部位的热流总是从室内向室外传递，当热箱内加热量与通过被测部位的传递热量达到平衡时，通过测量热箱的加热量得到被测部位的传热量，经计算得到被测部位的传热系数。

该方法的主要特点：基本不受温度的限制，只要室外平均空气温度在 25℃以下，相对湿度在 60% 以下，热箱内温度大于室外最高温度 8℃以上就可以测试。据业内技术专家通过交流认为：该方法在国内尚属研究阶段，其局限性亦是显而易见的，热桥部位无法测试，况且尚未发现有关热箱法的国际标准或国内权威机构的标准。

3. 红外热像仪法

红外热像仪法目前还在研究改进阶段，它通过摄像仪可远距离测定建筑物围护结构的热工缺陷，通过测得的各种热像图表征有热工缺陷和无热工缺陷的各种建筑构造，用于在分析检测结果时做对比参考，因此只能定性分析而不能量化指标。

4. 常功率平面热源法

常功率平面热源法是非稳态法中一种比较常用的方法，适用于建筑材料和其他隔热材料热物理性能的测试。其现场检测的方法是在墙体内表面人为地加上一个合适的平面恒定热源，对墙体进行一定时间的加热，通过测定墙体内外表面的温度响应辨识出墙体的传热系数。

（二）节能计量

早在20世纪80年代中期，我国就开始试行第一部建筑节能设计标准。我国需要在供热系统和空调系统同时推广冷/热计量，不仅鼓励用户的行为节能，而且可以为公用建筑的能源审计提供便捷有效的途径。所以，要实现建筑节能，计量问题是保障。

1．冷热计量的方式

要实现冷热计量，通常使用的方式有以下几种。

（1）北方公用建筑

可以在热力入口处安装楼栋总表。

（2）北方已有民用建筑（未达到节能标准的）

可以在热力入口处安装楼栋总表，每户安装热分配表。

（3）北方新的民用建筑（达到节能标准的）

可以在热力入口处安装楼栋总表，每户安装户用热能表。

（4）采用中央空调系统的公用建筑

按楼层、区域安装冷/热表。

（5）采用中央空调系统的民用建筑：按户安装冷/热表。

2．采暖的计费计量

“人走灯关”是最好的收费实例，同样也是用多少电交多少费的有力佐证。分户供暖达到计量收费这一制约条件后，居民首先考虑的就是自己的经济利益，现有供热体制就是大锅饭，热了开窗将热量一放再放。如果分户供暖进而计量收费，居民就会合理设计自家的供热温度，比如，卧室休息时可以调到20℃，平时只需15℃即可。厨房和储藏室不用时保持在零上温度即可，客厅只需16℃就可安全越冬，长期坚持，自然就养成了行为节能的好习惯。分户热计量、分室温控采暖系统的好处是水平支路长度限于一个住户之内；能够分户计量和调节热供量；可分室改变供热量，满足不同的室温要求。

3．分户热量表

（1）分室温度控制系统装置——锁闭阀

锁闭阀：分两通式锁闭阀及三通式锁闭阀，具有调节、锁闭两种功能，内置外用弹子锁，根据使用要求，可为单开锁或互开锁。锁闭阀既可在供热计量系统中作为强制收费的管理手段，又可在常规采暖系统中利用其调节功能。当系统调试完毕即锁闭阀门，避免用户随意调节，维持系统正常运行，防止失调发生。散热器温控阀：散热器温控阀是一种自动控制散热器散热量的设备，它由两部分组成：一部分为阀体部分，另一部分为感温元件控制部分。由于散热器温控阀具有恒定室温的功能，因此主要用在需要分室温度控制的系统中。自动恒温头中装有自动调节装置和自力式温度传感器，不需任何电源长期自动工作。它的温度设定范围很宽，连续可调。

（2）热量计装置——热量表

热量表（又称热表）是由多部件组成的机电一体化仪表，主要由流量计、温度传感器和积算仪构成。住户用热量表宜安装在供水管上，此时流经热表的水温较高，流量计量准确。如果热量表本身不带过滤器，表前要安装过滤器。热量表用于需要热计量系统中。热量分配表不是直接测量用户的实际用热量，而是测量每个用户的用热比例，由设于楼入口的热量总表测算总热量，采暖季结束后，由专业人员读表，通过计算得出每户的实际用热量。热量分配表有蒸发式和电子式两种。

4. 空调的计费计量

能量“商品化”，按量收费是市场经济的基本要求。中央空调要实现按量收费，必须有相应的计量器具和计量方法，按计量方法的不同，目前中央空调的收费计量器具可分为直接计量和间接计量两种形式。

（1）直接计量形式

直接计量形式的中央空调计量器具主要是能量表。能量表由带信号输出的流量计、两只温度传感器和能量积算仪三部分组成，它通过计量中央空调介质（水）的某系统内瞬时流量、温差，由能量积算仪按时间积分计算出该系统热交换量。在能量表应用方面，根据流量计的选型不同，主要有三大类型，为机械式、超声波式、电磁式。

（2）间接计量形式

间接计费方法有电表计费、热水表计费等。电表计费就是通过电表计量用户的空调末端的用电量作为用户的空调用量依据来进行收费的；热水表计费就是通过热水表计量用户的空调末端用水量作为用户的空调用量依据来进行收费的。这两种间接计费方法虽简单、便宜，但都不能真正反映空调“量”的实质。中央空调要计的“量”是消耗能量（热交换量）的多少。按这几种间接计费方法，中央空调系统能量中心的空调主机即使不运行或干脆没有空调主机，只要用户空调末端打开，都有计费，这显然是不合理的。

（3）当量能量计量法

CFP 系列中央空调计费系统（有效果计时型）根据中央空调的应用实际情况，首先检测中央空调的供水温度，只有在供水温度大于 40℃（采暖）或小于 12℃（制冷）情况下才计时（确保中央空调“有效果”），然后检测风机盘管的电动阀状态（无阀认为常开）和电机状态（确保用户在“使用”）进行计时（计量的是用户风机盘管的“有效果”使用时间），但这仅仅是一个初步数据，还得利用计算机技术、微电子技术、通信技术和网络技术等，通过计费管理软件以这些数据为基础进行合理的计算得出“当量能量”的付费比例，才能作为收费依据。

综上所述，值得推荐的两种计量方式为直接能量计量（能量表）和 CFP 当量能量计量。根据它们的特点，前者适用于分层、分区等大面积计量，后者适用于办公楼、写字楼、酒店、住宅楼等小面积计量。

二、建筑系统的调试

系统的调试是重要但容易被忽视的问题。只有调试良好的系统才能够满足要求，并且实现运行节能。如果系统调试不合理，往往采用加大系统容量才能达到设计要求，不仅浪费能量，而且造成设备磨损和过载，必须加以重视。例如，有的办公楼未调试好系统就投入使用，结果由于裙房的水管路流量大大超过应有的流量，致使主楼的高层空调水量不够，不得不在运行一台主机时开启两台水泵供水，以满足高层办公室的正常需求，造成能量浪费。最近几年，新建建筑的供热、通风和空调系统、照明系统、节能设备等系统与设备都依赖智能控制。然而，在很多建筑中，这些系统并没有按期望运行。这样就造成了能源的浪费。这些问题的存在使建筑调试得到发展。

调试包括检查和验收建筑系统、验证建筑设计的各个方面，确保建筑是按照承包文件建造的，并验证建筑及系统是否具有预期功能。建筑调试的好处是：在建筑调试过程中，对建筑系统进行测试和验证，以确保它们按设计运行并且达到节能和经济的效果；建筑调试过程有助于确保建筑的室内空气品质的良好；施工阶段和居住后的建筑调试可以提高建筑系统在真实环境中的性能，减少用户的不满程度；施工承包者的调试工作和记录保证系统按照设计安装，减少了在项目完成之后和建筑整个寿命周期问题的发生，也就意味着减少了维护与改造的费用；在建筑的整个寿命周期每年或者每两年定期进行再调试能保证系统连续地正常运行。因此也保持了室内空气品质，建筑再调试还能减少工作人员的抱怨并提高他们的效率，也减少了建筑业主潜在的责任。

三、设备的故障诊断

建筑设备要具有较高的性能，除了在设计和制造阶段加强技术研究外，在运行过程中时刻保持在正常状态并实现最优化运行也是必不可少的。近来也有研究表明，商业建筑中的暖通空调系统经过故障检测和诊断调试后，能达到20%～30%的节能效果。因此，加强暖通空调系统的故障预测，快速诊断故障发生的地点和部位，查找故障发生的原因能减少故障发生的概率。一旦故障诊断系统能自动地辨识暖通空调设备及其系统的故障，并及时地通知设备的操作者，系统能得到立即的修复，就能缩减设备“带病”运行的时间，也就能缩减维修成本和不可预知的设备停机时间。因此，加强对故障的预测与监控，能够减少故障的发生，延长设备的使用寿命，同时也能够给业主提供持续的、舒适的室内环境，这对提高用户的舒适性、提高建筑的能源效率、增加暖通空调系统的可靠性、减少经济损失具有重要的意义。

（一）故障检测与诊断的定义与分类

故障检测和故障诊断是两个不同的步骤，故障检测是确定故障发生的确切地点，而故障诊断是详细描述故障是什么、确定故障的范围和大小，即故障辨识，按习惯统称为故障检测与诊断（FDD）。故障检测与诊断的分类方法很多，如按诊断的性质分，可分为调试诊断和监视诊断；如果按诊断推理的方法分，又可以分为从上到下的诊断方法和从下到上的方法；如果按故障的搜索类型来分，又可以分为拓扑学诊断方法和症状诊断方法。

（二）常用的故障检测与诊断方法

目前开发出来的用于建筑设备系统故障检测与诊断的方法（工具）主要有以下几种（见表7-1）。

表7-1　常用的故障诊断方法

故障诊断方法	优点	缺点
基于规则的故障诊断专家系统	诊断知识库便于维护，可以综合存储和推广各类规则	如果系统复杂，则知识库过于复杂，对没有定义的规则不能辨识故障
基于案例推理的故障诊断方法	静态的故障推理比较容易	需要大量的案例
基于模糊推理的故障诊断方法	发展快，建模简单	准确度依赖于统计资料和样本
基于模型的故障诊断方法	各个层次的诊断比较精确，数据可通用	计算复杂，诊断效率低下，每个部件或层次都需要单独建模
基于故障树的故障诊断方法	故障搜索比较完全	故障树比较复杂，依赖大型的计算机或软件
基于模式识别的故障诊断方法	不需要解析模型，计算量小	对新故障没有诊断能力，需要大量的先验知识
基于小波分析的故障诊断方法	适合做信号处理	只能将时域波形转换成频域波形表示
基于神经网络的故障诊断方法	能够自适应样本数据，很容易继承现有领域的知识	有振荡，收敛慢甚至不收敛
基于遗传算法的故障诊断方法	有利于全局优化，可以消除专家系统难以克服的困难	运行速度有待改进

（三）故障检测与诊断技术在暖通空调领域的应用

目前，关于暖通空调的故障检测和诊断以研究对象来分，主要集中在空调机组和空调末端，其中又以屋顶式空调最多，主要原因是国外这种空调应用最多。另外，这个机型容量较小，比较容易插入人工设定的故障，便于实际测量和模拟故障。表 7-2 列出了暖通空调系统常见的故障及其相应的诊断技术。

表 7-2　暖通空调系统常见的故障及其相应的诊断技术

设备类型	常见故障现象	诊断模型或方法
单元式空调机组	热交换器脏污、阀门泄漏	比较模型和实测参数的差异，用模糊方法进行比较
变风量空调机组	送/回风风机损坏、冷冻水泵损坏、冷冻水泵阀门堵塞、温度传感器损坏、压力传感器损坏	留存式建模与参数识别方法，人工神经网络方法
往复式制冷机组	制冷剂泄漏、管路阻力增大、冷冻水量和冷却水量减少	建模，模式识别，专家系统
吸收式制冷机组	COP 下降	基于案例的拓扑学监测
整体式空调机	制冷剂泄漏、压缩机进气阀泄漏、制冷剂管路阻力大、冷凝器和蒸发器脏污	实际运行参数与统计数据分析
暖通空调系统灯光照明等	建筑运行参数变化、建筑运行费用飙升	整个建筑系统进行诊断

说明：并不是表中规定的故障检测与诊断方法不能用于其他的设备，或某个设备只能用表中所示的故障检测与诊断方法，表中所列的只是常用的方法。

（四）暖通空调故障检测与诊断的现状与发展方向

目前开发出来的主要故障诊断工具有：用于整个建筑系统的诊断工具；用于冷水机组的诊断工具；用于屋顶单元故障的诊断工具；用于空调单元故障的诊断工具；变风量箱诊断工具。但上述诊断工具都是相互独立的，一个诊断工具的数据并不能用于另一个诊断工具中。

可以预见，将来的故障诊断工具将是建筑的一个标准的操作部件。诊断学将嵌入建筑的控制系统中去，甚至故障诊断工具将成为 EMCS 的一个模块。这些诊断工具可能是由控制系统生产商开发提供，也可能是由第三方的服务提供商来完成。换句话说，各个诊断工具的数据和协议将是开放和兼容的，是符合工业标准体系的，具有极大的方便性和实用性。

第三节　建筑的节能改造

一、建筑节能的背景及其意义

（一）节能的背景

人类诞生至今，就开始一点一滴地通过利用自然界的资源满足自己的生产生活需求，通过对能源的利用，人类文明得以不断发展。无论是原始社会利用水流灌溉的水渠，还是现代文明中巨大的核子反应堆，都是人类运用能源的真实写照。几千年来，人类运用能源提高了生产力，提升了自己的生活品质，同时也使自己利用能源的手段获得了质的提升。然而，自从1973年第一次能源危机之后，人类便了解到能够获取的能源并非取之不尽，用之不竭。就煤炭和石油燃料而言，以现阶段的开采速度，煤炭仅能维持人类百余年的需求，而石油资源只能维持数十年。资源的总量是有限的，一旦超过了地球的承受能力，人类只会越来越难以获得资源。不仅如此，环保问题也越来越成为威胁人类生存的重要问题：过量的温室气体排放造成温室效应使得全球海平面升高，空调气体排放导致臭氧层遭到破坏，树木的乱砍滥伐导致绿地不断减小，土地荒漠化与水土流失……人类对自然资源的开采以及随意利用最终威胁到了自身生存。由于人类对资源毫无节制地利用，肆意地向地球排放污染物，导致各种自然灾害频发，对生产生活造成了很大危害。如果人类再不悬崖勒马，按目前的碳排放速度，到21世纪末，全球气温将会提高3℃左右，从而引起更为可怕的环境问题，甚至引起灾难性事件，例如全球海平面上升甚至极端天气增加。发现自身对自然的破坏以及资源的有限性之后，人类开始评估如何将自然资源的利用与开采取得平衡；与此同时，更加高效的能源利用方式也不断被人发现。一切都只为了一个核心——以最高的效率利用这些能量，使得人类生活与生态环境趋向平衡。

（二）中国节能改造方案决策现状分析

中国的经济一直以火箭般的速度向前飞奔，然而支撑这一“火箭”所需要的庞大能耗，也在日趋增大。既要保证中国顺利实现工业化迈入发达国家，又要降低污染能耗，这为发展之路提出了新的难题。党中央在规划纲要中提出，面对日益恶化的环境与枯竭的资源，必须加强走可持续发展之路，将高污染高能耗工业转变为低碳、环保、绿色新型工业，降低国内能耗，走环境友善型发展道路。现在国家集中力量搞建设，城镇化的比率越来越高。市民们看到一栋栋宏伟壮丽的建筑拔地而起的同时，看不到的是资源与能源的大量消耗，甚至有一部分宝贵的不可再生资源被浪费在不规范的建筑活动中，生产过程中排放的污染物也是造成现阶段雾霾的因素之一。未来中国建筑耗能及排放将呈急剧上扬趋势。中国仍现存大量的不节能建筑，对它们进行节能改造，是提高中国能源利用效率的有效途径之一。总体来看，中国目前在节能方面主要面临以下几方面的挑战。

1. 高碳现象明显

目前中国处于能源需求快速增长的时期，为了能够提高人民的生活质量，基础设施的大规模建设是必不可少的。随着人们生活水平的提高，机动车辆的需求也日益增加，工业化的生活方式带来了能耗水平的增加。现如今高能耗低效率的生产方式，不但制约着中国经济的发展，还对居民的生活健康带来严重损害。

2. 自然资源十分匮乏

中国的自然资源储量居世界第六位，但由于中国大规模的人口基数，导致人民平均占有资源的水平不高。为了满足国内增长的能源需求，需要进口大量资源，在国家战略上受制于人。

3. 能源利用效率不高

高效用能技术的普及相对落后，中国是发展中国家，在新节能技术的应用上和发达国家仍存在差距，大部分用能手段为原材料的直接利用，缺乏资源的深加工，并且社会各界的节能意识还不是很强，为减少成本使用而相对落后的技术，加剧了中国能源的消耗情况。

（三）建筑节能决策优化的重要作用

在能源消耗过程中，建筑能耗占有很大的比重，其中包括建造消耗及使用消耗两方面。大部分开发商为了节约成本，在建造能耗方面能够做到一定程度的把控。然而在后期使用消耗上一般与企业利益挂钩不大，使得新节能技术难以得到推广。建造能耗属于一次性消耗，使用消耗则包含一个长期的过程。

如今，中国各大城市已经清醒地认识到现有建筑物很大程度上无法满足节能环保的需要，如不对高能耗建筑进行有效的节能改造，其造成的能源浪费将对中国的可持续发展方针形成严重阻碍。因此，各级政府也在积极地对高能耗、低效率的建筑进行节能改造，减少城市的能源负担。但相当一部分改造，投入了巨大的成本却未能达到预期的节能效果，有的甚至造成资源浪费，给城市发展造成了额外的负担。究其原因不难看出，中国一部分节能改造工程在决策前并未进行科学的分析；相反，仅仅是照搬硬套成功案例或者凭借经验武断地做出判断。因此，容易发生吃力不讨好的情况，不但成本超支，节能效果也大打折扣。

节能改造工程具有很大的地域性特征，对材料的要求与达到效果在不同城市之间具有很大差异。若能将凭经验判定的因子具体量化，在决策比对时更易做出判断。因此，需要有科学的方法评价节能改造方案中的各项指标。

二、既有建筑节能改造的系统学分析

既有建筑节能改造工作不仅可以缓解我国的能耗困境和环境污染问题，而且该工作的推进还有利于我国的民生建设，并且对我国经济的可持续发展和构建和谐社会也具有重要的作用。但是目前既有建筑节能改造工作的开展遇到了障碍，而且还受到诸多因素的复杂影响。为了更好地推进既有建筑节能改造工作的进行和发展，进而从宏观的角度找到阻碍因素，现将该工作作为一个整体的系统进行考虑。

在运用系统学的有关理论之前，必须先明确系统的定义，即由两个或两个以上互相联系、互相依赖、互相制约、互相作用的若干组成部分以某种分布形式组合成的，具有特定功能、朝着特定目标运动发展的有机整体。根据上述定义，运用系统学的基本原理、分别从物理结构层、表现层、环境层三方面对既有建筑节能改造工作进行分析，找到影响既有建筑节能改造工作开展的问题因素，对下一步研究的开展提供方向。

（一）物理结构层

物理结构层是系统得以生存和发展的物质基础，研究物理结构层实际上就是剖析整个系统内部的物理结构，其研究对象具体包括系统的边界、组成元素、元素之间的关系以及构成的运行模式。系统边界的作用是区分系统内部元素和外部环境的。元素是系统的基本组成，也是系统中各关联的基本单元。整个系统中的元素之间具有独立的或者复杂的关系，这些系统元素和其中的关系集又构成了系统的运行模式。

1. 既有建筑节能改造系统的边界

系统边界就是指一个系统所包含的所有系统成分与系统之外各种事物的分界线。一般在系统分析阶段都要明确系统边界，这样才能继续进行下面的研究。由于社会系统一般都是开放的复杂系统，系统内部和环境之间进行的各种交换行为也是时刻进行的。既有建筑节能改造系统就是一个典型的社会系统，所以它不具有明确的物理边界。

首先，针对既有建筑节能改造来说，改造空间并不是固定的，可能为公共建筑，或者为住宅建筑，公共建筑中又分为政府建筑、企事业单位建筑等。其次是参与既有建筑节能改造的主体也可能发生变化，参与改造工程的主体包括：中央政府、地方政府、国外合作组织、节能服务公司、供热企业、金融机构、第三方评估机构和用能单位等；面对不同的建筑形式和改造背景，参与主体可以形成多种组合形式。最后，不同项目的既有建筑节能改造的内容和技术也是不同的，改造内容包括：围护结构改造、供热系统改造、门窗改造、节水节电改造和建筑环境改造等。面对如此多样的改造内容，技术革新是非常必要的。由此可见，定义既有建筑节能改造系统的物理边界是非常困难的。所以，面对不同的改造项目、参与主体和改造背景，既有建筑节能改造系统的边界都是不同的，它是模糊的，也是动态变化的。

2. 既有建筑节能改造系统的结构

每个系统都是由元素按照一定的方式组成，组成系统的元素本身也是一个系统，从这个意义上可以将元素看作系统的“子系统”，这些子系统结构是由一些特定的元素按照一定的关联方式形成的。为了分析既有建筑节能改造系统的结构，必须先明确该系统中包含的元素以及包含的子系统。尽管既有建筑节能改造系统是个具有模糊边界的大系统，但是其中的结构还是比较清晰的。在该系统中包含的元素包括政府、节能服务公司、供能企业、用能单位、金融机构和第三方评估机构等。其中政府、用能单位又可作为子系统对待，故将政府分为中央政府和地方政府，用能单位分为政府、企事业单位、单一产权企业和住户。各个参与主体在既有建筑节能改造过程中所表现的行为特征或者做出的行为策略都有所不同。

（1）中央政府

在既有建筑节能改造的过程中，中央政府作为顶层推动力量，不仅要强化政府职能，制定明确的宏观战略目标和节能改造相关政策，而且还要采用多种调控手段干预市场，并与其他参与主体进行协调，积极构建长效机制。中央政府在推进既有建筑节能改造过程中发挥了不可替代的作用。

（2）地方政府

我国是一个幅员辽阔的国家，每一个地区的自然环境、经济情况以及人文背景等都略有不同，所以如何将国家既有建筑节能改造的相关政策法规以及长远规划与本地区的实际情况相结合，地方政府起到了关键的作用。

（3）节能服务公司

节能服务公司（Energy Services Company，ESCO），又称能源管理公司，是一种基于合同能源管理机制运作的、以营利为目的的专业化公司。节能服务公司是合同能源机制的载体，是联系改造过程中各个参与者的纽带。在我国既有建筑节能改造市场化之后，节能服务公司将成为改造过程的核心主体。

（4）供能企业

目前，既有建筑的供能企业主要分为供热企业和电网企业，这种企业一般为地方国有性质，行为受到国家管控，而且对供需情况和能源价格比较敏感。在现阶段，煤炭价格不断上涨，新型能源技术还无法全面普及，供能企业经营状况堪忧。这些企业虽然接受国家补贴，但是还不足以维持收支平衡，只能依靠不断地提高电价和热价来维持运营。目前，北方夏热冬冷地区和寒冷地区的冬季采暖能耗占全国总能耗较大比例，所以本文重点研究供能企业中的供热企业。

从供热企业的角度考虑。首先，在热源热量紧张的情况下，既有建筑节能改造可以带来供热需求量的降低，从而在有限的热源热量下增加供热面积。其次，既有建筑节能改造可以使供热企业的单位面积热指标降低，所以企业的单位面积购热成本降低，进而增加供热企业的利润。再次，如果在既有建筑节能改造过程中实现从面积收费改成分户热计量收费，就可以有效地解决居民供热费缴纳难题。就上述看来，供热企业理应具有强烈的改造意愿，但实际情况并不乐观，在目前完成的既有建筑节能改造项目中，只有极少数的供热企业参加了一部分融资。通过分析实际运行情况可知，供热企业先按面积计算热价收入，得到供热成本降低量，在此基础上考虑按分户计量收费下用户少缴纳的热费以及后期人工运行成本及计量设施折旧，供热企业的投资回收长达 50 年左右。从投资经济效益来说，无法刺激供热企业投资既有建筑节能改造项目。

3. 既有建筑节能改造系统的运行模式

从系统学的角度考虑，系统的运行模式就是为了实现系统稳定运行而形成的各元素之间、各子系统之间的组合方式和关系。系统在运行过程中会形成多种模式，也就是系统中各要素的不同组合方式，在不同的模式中，各个要素或子系统所具有的效力是不同的，每一种模式所具有的合力也不单单是效力和。根据不同的模式结构，系统出现不同的“涌现性”（系统论中的整体大于部分的理论），为使整个系统实现最大效力的“涌现”，人们总是根据自身外部的环境，采用自认为最理想和最优化的运行模式，来实现整个系统的最大潜能和最大效力。

研究既有建筑节能改造的运行模式就是研究该系统中不同元素的组合方式，即由不同改造主体推动的改造模式。既有建筑节能改造的运行模式构建，就是通过人为手段实现结构层中的各个参与主体在管理、监督、融资、保障等环节上的协调配合，实现在既有建筑节能改造中技术、资金、人员、设施等方面的合理配置，最终目标就是尽可能发挥各个参与主体的最大效力和最大潜力，推动既有建筑节能改造工作顺利进行，实现经济效益、环境效益、社会效益的最大化。

但是由于既有建筑节能改造行为具有正外部性，即一些参与主体的行为活动给别的主体或环境带来了可以无偿得到的收益，这就影响到了各个主体参与既有建筑节能改造工作的积极性。由于外部成本不能内部化，进而造成了该市场存在部分失灵的区域，从而影响到我国既有建筑节能改造工作市场化的顺利开展。鉴于既有建筑节能改造的正外部性，目前该工作主要是以政府推动为主、市场配合为辅。

（1）既有建筑节能改造运行模式的分析内容

针对一个具体的既有建筑节能改造项目，为了探索适合该项目的运行模式，首先必须对于该项目的具体情况进行分析研究，具体分析内容包括：政府保障形式、改造主体、改造内容、改造效果、改造资金来源、改造后利益回报及分享形式等。

①政府保障形式

鉴于目前既有建筑节能改造市场具有部分失灵的区域，影响到该工作市场化的顺利进行，所以必须充分发挥中央政府以及各地方政府的组织协调作用，来保障既有建筑节能改造工作的开展。中央政府需要根据每一阶段具体建筑节能改造情况，制定下一阶段的宏观规划目标，而且制定相应的经济激励政策和监督考核办法，即提供适合改造工作顺利开展的外部环境；各地方政府则应制定符合地方改造情况的配套政策以及相应的实施办法，并对建筑节能改造的具体项目做好合理有效的组织和管理工作。

②改造主体

改造主体的选择主要是由房屋私有化率的高低决定的。目前既有建筑节能改造的房屋分为公共建筑和住宅建筑。公共建筑主要为政府建筑和企事业单位建筑等，这些房屋产权单一，改造主体主要为房屋所有权持有单位。对于住宅建筑的节能改造，我国与其他国家的情况有些不同。在欧洲多数国家，住宅建筑是由住房合作社所有，所以房屋产权公司是开展既有居住建筑节能改造的主体；而我国大部分的住宅建筑都归住户所有，所以既有居住建筑节能改造工作多为房地产公司、供热企业等主体组织实施。

③改造内容

我国既有建筑节能改造的主要内容包括建筑围护结构改造、采暖系统改造、通风制冷系统改造以及电气系统改造等。而国外，例如德国的既有建筑节能改造工程除了上述内容外，还增加了对房屋周边环境的改善，增大居民对改造的认同程度。由于既有建筑节能改造内容的复制性不强，所以必须坚持“因地制宜”的原则，在改造工作前期要做好充分的建筑性能调查工作，选择科学合理先进的改造技术。在改造结束后也要做好严格的建筑能耗检测工作，并对改造后建筑进行后期维护和管理工作。

④改造资金来源

在德国和波兰等国家，政府为了保证既有建筑节能改造工作的顺利进行，均制订了专项的资金计划，并配合了合理稳定的经济激励政策来刺激改造主体的积极性。所以，我国政府也应采取一些经济保障措施来推动既有建筑节能改造工作。具体项目的改造主体也可以利用先进的融资模式，充分调动资本市场的大量流动资金。改造主体还可以在政府的协助下，通过申请清洁发展机制项目（CDM），获得发达国家和企业的资金援助。

⑤改造效果

通过对大量国内外既有建筑节能改造工程实例的分析研究，房屋采用科学合理的技术改造方案后，均较大程度地改善了室内的热舒适环境，也获得了较好的节能效果，基本可以达到规定的50%或65%的节能标准，这也充分证明了开展既有建筑节能改造的必要性。

⑥改造后利益回报及分享形式

利益回报是各个改造主体投资既有建筑节能改造的原动力，对于不同的改造主体，利益回报模式也是不同的。国外公共建筑或住宅建筑的私有化率比较高，而且国外的既有建筑节能改造市场机制也比较完善，具有单一产权的住宅公司可以依靠节约能源的费用和提高租金来回收改造投入。由于我国目前既有建筑的节能改造工作市场动力不足，导致改造主体主要是大型房地产公司或者供热企业，回收资金除了通过节约能源费用的方式，房地产公司还可以依靠加层面积的销售来实现投资回收，供热企业则通过间接地增加供热面积来实现供暖费收益的增加。

（2）既有建筑节能改造模式分析

通过对上述改造模式内容的分析，可以得出，一个完整的改造模式需要改造主体根据政府保障方式、改造效果目标，选择合理的改造内容、技术，并配合有效的资金保障形式才能够顺利运行。

虽然我国既有建筑节能改造工作开展得比较晚，但是中央政府以及各地方政府对于这项利国利民的工作给予了高度的重视。通过结合我国基本国情以及既有建筑节能改造市场的发展情况，政府在一些典型城市开展了示范工程，提出并使用了多种改造模式，具体可分为以下几种。

①供热企业改造模式

由于供热企业一般具有国有性质，所以与政府的行动吻合度较高，而且也能比较快地理解和消化由各级政府制定的相关政策。供热企业改造模式的资金来源主要是靠地方政府补贴、自身企业投资、居民个人投入以及国际合作项目赠款等。该模式主要改造内容为外墙及屋面保温改造、分户热计量改造、供热热源改造等，有些项目还涉及室内环境的改造。总的来说，供热企业主导既有建筑节能改造工作应该是具有很大的积极性的。由于目前热源热量紧张，供热企业可以通过既有建筑节能改造降低单位面积热指标，减少单位面积供热成本，从而间接增加供热面积，实现供热收入的提高。但是在提高收益的同时，供热企业也应该站在居民的角度考虑问题，通过多种形式切实降低居民热费的支出。

②节能服务公司改造模式

目前，我国的既有建筑节能改造市场化水平比较低，已经完成的建筑节能改造项目基本上都是靠政府来推动。但是面对接下来巨大的既有建筑节能改造任务，政府也无法轻松完成。

合同能源管理（EMC-Energy Management Contract）是一种新型的市场化节能机制，其实质就是以减少的能源费用来支付节能项目改造和运行成本的节能投资方式。在该运行模式下，用户可以用未来的节能收益来抵偿前期的改造成本。通过合同能源管理机制，不仅可以实现建筑能耗和成本的降低，而且可以使房产升值，同时规避风险。

合同能源管理机制作为解决能耗问题的有效办法很快被运用在既有建筑节能改造工作上来。节能服务公司是合同能源管理机制的核心部分和运行载体，是既有建筑节能改造市场化过程中不可缺少的核心主体，所以节能服务公司改造模式很快被建筑节能改造市场挖掘出来。

节能服务公司改造模式就是围绕合同能源管理机制开展的一种高效合理的改造模式。在该模式下，节能服务公司成为建筑节能改造的核心推动力量，并且在建筑的改造全过程中都起到了重要的作用，主要的服务内容包括：建筑前期能耗分析、节能项目的融资、设备和材料的采购、技术人员的培训、改造完成后的节能量检测与验证等。目前，为了更好地适应既有建筑节能改造市场化的开展，围绕节能服务公司开展的节能改造又可分为以下具体模式：普通工程总包模式、节能量保证模式、改造后节能效益分享模式和能源费用托管模式等。

③国际合作项目改造模式

为了更好地在我国推行既有建筑节能改造工作，各级政府积极探索新的改造模式，其中融合国际力量进行建筑节能改造是比较有创新性的方式，也是我国开展既有建筑节能改造试点工程中运用的典型模式。20 世纪 90 年代中期以来，中国分别与加拿大、德国、法国、联合国计划发展署等国家和组织合作，在中国典型城市开展了节能试点改造工程，其中包括北京、天津、唐山、包头、乌鲁木齐等城市。首先，以国际组织或国家合作的方式开展既有建筑节能改造工作为我国提供了大量的管理、技术经验；其次，该模式也为解决节能改造的融资问题带来了有益的尝试；最后，发达国家和企业通过改造项目获得经济收益的同时，也可以参与清洁发展机制项目（CDM）获得既有建筑节能改造的全部或者部分经审核的减排量，进而减小本国节能减排义务的压力。从上述内容可知，以国际合作的改造模式进行既有建筑节能改造属于“双赢”工程，该模式对于我国整个既有建筑的节能改造工作的发展也是必不可少的。

④单一产权主体改造模式

在我国，单一产权主体主要包括政府部门、企事业单位等，产权单位主动投资既有建筑节能改造，通过改造可以降低能源费用的支出，并且提高建筑的功能性和舒适性。

政府部门和事业单位的改造资金主要来自财政预拨款，所以随着建筑能耗的降低，财政预算也减少，节能改造的收益无法保留。所以除了国家强制性规定，此类单位建筑节能改造积极性不高。然而商场、星级酒店等企业单位属于建筑能耗的大户，并且属于自负盈亏的财务模式，所以这类单位具有较强的节能意识，也属于我国单一产权改造模式的重要主体。

⑤居民自发改造模式

目前，我国待改造的既有居住建筑面积占总建筑面积较大比例，仅靠政府主导推动既有建筑节能改造已经不能满足所有人的意愿，所以，有些地区出现了居民自发进行建筑节能改造的情况。该模式为居民个人行为，也有些居民会在同一栋楼的各楼层间进行沟通协商，统一施工，形成具有一定规模的改造，从而缩短施工周期、降低改造成本。进行自发节能改造的居民基本都是由于室内舒适性差，尤其对于冬季供暖温度不满意，所以改造的内容主要都是针对建筑的围护结构，即进行外墙保温改造和窗体改造等。该模式的主要优点是改造规模小、工期短、成本低。由于施工任务主要由无资质的私人队伍承担，改造内容以及方法依赖于施工队伍的经验，材料质量也无严格把关，导致改造质量无法保证。而且目前在该模式下居民基本是费用自付，所以改造风险比较大。

目前，居民自发地进行既有建筑节能改造的案例比较少，主要还是因为居民自身所能投入的改造资金有限，而且居民也很难形成相对统一的改造意见，同时所能承担的改造风险也比较小，所以无法进行大规模、多方面的节能改造。在该模式下，居民也无法承担建筑供热计量的节能改造费用，节能效果只有室内环境的改善，无法享受节能带来的热费减少。

4. 既有建筑节能改造在物理层上存在的问题

通过对既有建筑节能改造的系统物理层进行分析，总结出阻碍既有建筑节能改造顺利进行有以下几个问题。

(1) 建筑节能改造的关键位置

中央政府在既有建筑节能改造过程中处于关键位置，但是目前顶层设计存在缺陷，导致该系统中的各个参与个体之间无法建立长效机制，而且国家行政和市场机制之间也缺乏良性互动，使得在多种改造模式下政府都要提供大量的财政拨款才能推动改造工作。这不仅使政府背上沉重的财政负担，而且也无法充分调动社会资金的流动。在开展既有建筑节能改造工作的过程中，某些地方政府只顾眼前利益，即使在国家强制性改造目标的压力

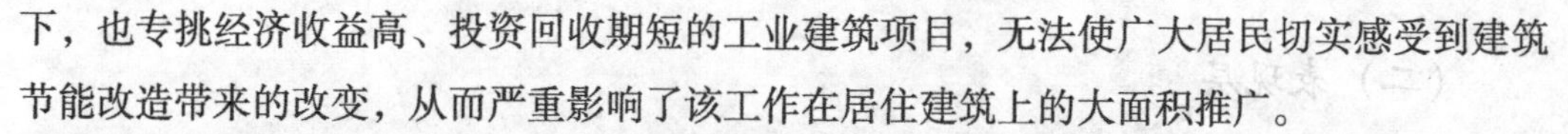

下，也专挑经济收益高、投资回收期短的工业建筑项目，无法使广大居民切实感受到建筑节能改造带来的改变，从而严重影响了该工作在居住建筑上的大面积推广。

（2）建筑节能服务公司改造模式推广受阻

这主要是因为金融机构对节能服务公司的资信水平不了解，无法提供大量的资金贷款，长期靠公司本身的资金来推动既有建筑的节能改造工作也无法形成良性市场运转。而且用能单位对改造过程中的信息也无法完全获得，导致节能服务公司的市场需求不足。同时，节能服务公司的服务水平良莠不齐，各种服务标准、服务内容无法统一，也严重地影响到用能单位的选择。

（3）金融机构在既有建筑节能改造的过程中扮演了重要的角色

但是由于既有建筑节能改造工作的投资回收期较长，改造主体的资信能力也无法保障；同时，金融机构为掌握改造中信息也将投入大量的资本，所以无法将资金放心地投入这种模糊风险的领域中。

（4）用能单位分为政府部门、企事业单位和零散居民等

政府和事业单位在财政上的预拨款制度减弱了其既有建筑节能改造的积极性；企业担心建筑节能改造工作会影响到其经营，而且建筑节能改造的信息不对称性为企业决策带来了障碍；居民的改造积极性受到复杂因素的影响，其中包括：改造内容、改造效果、自身资金投入、节能意识等。

（5）信息的透明性

目前，不管是政府部门、节能服务公司还是其他主体开展的建筑节能改造工作都具有信息不透明性，这就造成了建筑节能改造工作的信息不对称，也严重地影响了各参与主体的积极性。所以，第三方评估机构在既有建筑节能改造工作上的作用凸显出来。目前我国第三方评估机构的发展滞后，政府相关部门应完善能耗评估过程，并结合国外评估机构成功的行业发展经验，推动评估机构的发展，满足既有建筑节能改造的市场需求。

（6）建筑节能改造的资金来源

目前，大部分的既有建筑节能改造项目的资金来源主要由国家财政支出、供热企业投资和居民个人支出组成。这样的融资模式结构单一，同时给国家、企业以及个人带来了很大的经济压力，严重地影响到各主体进行既有建筑节能改造的积极性。在我国积极推进既有建筑节能改造的道路上已经出现了多种改造模式，但是由于各种模式的开展都受到诸多因素的影响，而且无法完全复制，所以在各地改造过程中还要根据当地的实际情况进行模式选择。在条件具备的条件下还可以采取多种模式配合改造的形式。

（二）表现层

在描述既有建筑节能改造系统的表现层时，主要分为目的、行为、功能三方面进行探讨。目的是系统存在的理由，描述各种系统时离不开目的的概念，而且系统的目的性不仅与系统本身有关，还受到外界环境的影响。系统的行为是指在主客观因素的影响下表现出来的外部活动，不同种类的系统具有不同行为表现，相同的系统在不同的情况下表现的行为也可能不同。任何系统的行为都会对周围环境产生影响，但是功能是系统对某些对象或者整个环境本身产生的有利作用或者贡献。

1. 开展既有建筑节能改造的目的

（1）解决能源环境问题，实现节能减排战略目标

随着世界经济的快速发展，全球能源需求量不断攀升。但是伴随着经济的高速增长，严重的能源环境问题也随之而来。我国作为最大的发展中国家，经济发展是第一要务，但是同样出现的能源危机和环境问题成了我国经济继续高速发展的最大障碍。为了抑制能源浪费，缓和环境气候变化，节能减排战略的实施不仅对我国能源节约和环境保护提出了要求，而且也是中国现阶段经济结构调整优化和发展方式转变的重要措施。

（2）改善建筑室内环境

目前，我国老旧住宅小区中还存在大量的高耗能建筑，这些小区建筑房龄大部分超过30年，很多建筑部分已经失去功能，有些建筑甚至出现安全隐患。由于住在其中的住户大部分经济条件有限，无法改变质量低下的生活环境，在一些情况下与供热企业或者政府产生了严重的矛盾，大大影响到社会和谐安定。在我国，还有很多类似的老旧住宅小区和公共建筑存在问题，这不仅影响到了使用者的生活质量和身体健康，而且也大大降低了建筑的使用寿命和价值。所以在我国进行既有建筑节能改造是非常有必要的。

2. 开展既有建筑节能改造的行为

目的是行为的执行方向，功能是行为的有利结果。开展既有建筑节能改造的行为主要是以下两种：第一种是改造的施工过程；第二种是推动节能改造工作所进行的融资、管理、协调、监督、制度制定等辅助工作。改造的施工过程是直接影响既有建筑节能改造的行为方式，辅助工作是间接的推动行为。如果缺乏合理的融资渠道、管理方式、协调方法和监督体制，既有建筑节能改造工作根本无法顺利展开。

3. 开展既有建筑节能改造的功能

功能是通过系统行为产生的，且趋于系统目的的有利于某些对象或者环境的作用或者贡献。凡是系统都具有一定的功能，系统的功能是一种整体的性质，而且往往具有整体涌现性，即出现一种系统的组成部分不具有的新功能。既有建筑节能改造的系统功能是以多

方面效益体现出来的，主要总结为三个效益：经济效益、环境效益和社会效益。

（1）经济效益

通过进行既有建筑节能改造工作，最直接明显的效益就是各个参与方获得应有的经济收益，从而也拉动了社会内需，推动了整个社会的经济增长。这也是推动既有建筑节能改造工作的直接动力。

从供热企业的角度考虑，可以通过既有建筑节能改造降低单位面积热指标，减少单位面积供热成本，从而间接增加供热面积，实现供热收入的提高；从节能服务公司角度考虑，通过参与既有建筑节能改造工作，ESCO在短期内就可以回收改造成本，并获得合同约定的合理利润；从节能设备或材料供应商的角度考虑，在节能改造的过程中，建材或者节能设备的市场需求量加大，利润增加；从居民的角度考虑，对于既有建筑的供热管网和热计量进行节能改造后，在室内热环境质量提高的同时，降低了热费支出。

（2）环境效益

既有建筑节能改造对于环境的影响不言而喻。通过节能改造工作，高能耗建筑面积减少，从而节约燃煤量，减少污染气体和温室气体排放，保护人类环境。

（3）社会效益

既有建筑通过节能改造得到了较好的保温隔热效果，室内温度变化幅度减小，提高居民居住舒适度，改善人民的生活质量。而且，良好的改造技术可以提高建筑物的质量水平，增加建筑的使用价值。从宏观的角度看，节能改造工作的开展可以促进人们节能意识的提高，进而使建筑的消费者将节能观念融入消费行为中，带动节能相关产业的发展，这对于构建节约型和谐社会是非常有帮助的。

4．既有建筑节能改造在表现层上存在的问题

既有建筑节能改造的表现层问题主要有以下几点：

（1）改造目的定位不准

进行既有建筑节能改造的目的是缓解能源压力，保护和改善生态环境，实现节能减排的目标，同时改善建筑室内环境，促进和谐社会的构建。

（2）项目融资受阻

既有建筑节能改造的主要目标是实现环境效益和社会效益，但是现在大部分的改造主体仅是将改造目的定位到经济效益上，这也违背了国家推动既有建筑节能改造的初衷。

（3）节能改造监管行为缺失

在进行既有建筑节能改造的过程中，政府部门或临时组建的节能改造小组对于具体项目的前期准备、施工管理、后期检测等过程缺乏监督管理，导致施工过程质量以及改造效果无法保障。而且，针对建筑构建的能耗能效标志制度也不健全，这也严重影响了改造信

息的客观性。

（三）环境层

系统的环境就是指围绕系统本身并对其产生某些影响的所有外界事物的总和，也就是与系统组成元素发生相互影响、相互作用而又不属于这个系统的所有事物的总和。但是，对于开放系统而言，明确清晰的系统边界是无法找到的，这就导致系统中的元素、信息、能量与环境产生跨越边界的交换现象。开放系统的边界并不是真实的物理界面，大部分是名义界面或假象界面。从另一个角度而言，不同的研究人员或研究目的对于相同的系统都可能有不同的环境定义。

环境可以决定系统的整体涌现性，即在一定的环境下，系统只有涌现出一定的特性才能与环境相适应。换句话说，就是在不同的环境下，为了更好地生存或者发展下去，系统所被激发的整体涌现性是不同的。对于既有建筑节能改造工作这个整体系统而言，环境的重要影响也是不言而喻的。经过总结研究，将既有建筑节能改造的环境层分为产业结构环境、政策法规环境两个方面进行研究。

1. 产业结构环境

新中国成立以来，为了更好地适应国内经济的发展变化以及承受国际上的巨大压力，我国政府一直在进行产业结构优化调整。进入21世纪以来，我国产业结构持续优化，第一产业增长相对缓慢，第二产业增长迅猛，第三产业全面发展。总体上来说，目前我国的产业结构在不断优化。当然，在产业优化调整的同时也出现一些障碍，有些地区为了巨大的经济收入，走仍然是高能耗、高资源投入、高污染的外放型经济增长道路，这是一种以生产要素的低成本为依托、以“高耗能、高污染”为特征、以牺牲生态环境为代价的增长方式。这为我国带来了巨大的环境黑洞，为经济的持续发展带来了严重的影响。为了更好地促进产业优化调整，我国政府提出走可持续发展道路，在各行各业全面开展节能减排工作，既有建筑节能改造作为节能减排工作的重要组成部分也逐渐被国家重视起来。

2. 政策法规环境

20世纪80年代中国就开始在建筑上进行节能探索，从开始至今主要经历了初步开展、试点运行、全面探索三个阶段。既有建筑节能改造作为建筑节能工作的主要组成部分，工作开展初期只有少数政策法规提及，随着既有建筑节能改造工作的开展，相关政策法规也逐渐构成体系，进入专项构建的阶段。

在节能工作开展初期，仅有少数的政策法规提及既有建筑节能改造工作。在国务院下发的《节约能源管理暂行条例》中提出建筑物应采用改进的围护结构，并使用低能耗设施，减少采暖、制冷和照明的能耗，新建的采暖建筑中应采用集中供热等要求。

随着我国典型城市节能试点改造工程的推广和实施，政府颁布的法律法规与政策中也逐渐出现了关于既有建筑节能改造的部分，使得建筑节能领域的政策法律法规体系更加完善，该体系的层次分级为法律、行政法规、部门规章、政策文件。

（1）法律

国家颁布的《中华人民共和国建筑法》和《节约能源法》是节能改造工作的指导性法律，《可再生能源法》和《城乡规划法》等对节能改造工作也做出了相关规定，为既有建筑节能改造工作的开展提供了强有力的法律保障。在《节约能源法》中规定既有建筑节能改造中应当按照规定安装用热计量装置、室内温度调控装置和供热系统调控装置。

（2）行政法规

国务院颁布了《民用建筑节能条例》，作为指导建筑节能工作的专门法规，详细规定了建筑节能的监督管理、工作内容和责任。该条例中也明确了既有建筑节能改造的标准、资金来源和相关管理部门的任务等。国务院颁布的《公共机构节能条例》明确了公共机构在既有建筑节能改造过程中的组织计划和实施安排。

（3）部门规章

原建设部发布了《民用建筑节能管理规定》，该规定提出应该合理考虑既有建筑物的寿命周期，从而对改造的必要性、可行性以及收益比进行科学论证，并且要求节能改造要符合建筑节能的标准，保证改造后结构的安全性和功能性，同时指出我国寒冷地区和严寒地区的既有建筑节能改造应该配合供热系统节能改造同步实施。财政部印发的《北方采暖区既有居住建筑供热计量及节能改造奖励资金管理暂行办法》对既有建筑节能改造工作奖励资金的原则和标准做出明确规定，并对奖励资金的拨付使用范围也做出了详细说明。

（4）政策文件

国务院印发的《节能减排综合性工作方案的通知》明确提出推动北方采暖区既有居住建筑供热计量及节能改造的工作任务。在中央政府的带动下，各级地方政府也积极响应上级号召，根据本地区既有建筑节能改造的实际情况制定了相关政策法规。

以上多层次立体化的政策法规体系为既有建筑节能改造工作提供了良好的政策法规环境，成为在推进既有建筑节能改造工作道路上的强有力保障。

3．既有建筑节能改造在环境层上存在的问题

进行既有建筑节能改造适应我国目前产业结构优化调整的方向和构建资源节约型、环境友好型社会的要求。作为节能减排工作的重要组成部分，既有建筑节能改造工作受到了国家的高度重视，这对地方上推进既有建筑的节能改造工作给予了巨大支持。国家财政部、发展改革委员会等部门共同出台了关于合同能源管理的法规和政策性文件。这无疑表现了国家对于推进节能改造工作的重视程度。同时在构建建筑节能政策法律体系的过程

中，还没有出现专门针对建筑节能改造的法律法规，无法为后续的既有建筑节能改造工作提供更加完善的法律保障。而且，目前国家经济激励政策的缺失也极大地削弱了各主体加入既有建筑节能改造工作的积极性。

三、既有建筑节能改造措施

（一）不同地区的建筑节能改造技术应用

适宜技术理论中的因地、因时制宜思想十分可贵，具有十分重要的借鉴价值和指导意义。建筑节能不仅是技术问题，还综合了环境、经济、能源、文化等多方面的因素，更是经济问题和环境问题。因此，建筑节能的推广，应以节能技术为基础，以合理的经济投入为手段，兼顾降低技术应用对环境造成的影响，选择适宜的建筑节能技术。

在进行决策时，必须首先考虑技术的“适应性”。所谓适应性包含很多内容：人员装备的先进性、气候的适宜性、当地经济能够承担的程度、设施对当期气候耐候性等。如果经济条件不允许或者气候条件不适合，改造工程的投入就会完全打了水漂而无法产生应有的收益。我国气候水平差异极大，北方地区冬季严寒，中部地区夏热冬冷，而南方地区夏热冬暖；经济水平也是南方经济发展良好，而中西部经济总体发展水平低于南部沿海城市，不能一概而论。

目前我国的夏热冬冷地区涉及包括上海、江苏、浙江、安徽、福建、江西、湖北、湖南、重庆、四川、贵州省（市）等14个省（直辖市）的部分地区。对于上海、江苏、浙江等经济发达地区，能够提供更多的资金应用于建筑节能改造。

而在经济相对薄弱的江西、四川、贵州等省份，相应的经济发展水平较低。以维护结构来说，由于其是建筑物内部与室外进行热交换的直接媒介，对维护结构进行节能改造是提高建筑节能功效的核心之一。复合墙体技术自诞生以来到现阶段已经相对成熟，比较容易有效提高建筑的热工性能。目前存在的复合墙体保温法包括外保温、内保温、夹芯保温三种形式。根据地区的经济发展水平和气候条件可以选择最为合适的墙体保温方式。使用价廉物美的新型节能材料可以有效减少建筑能耗，美国研究者通过外墙保温与饰面系统提高墙体的热阻值，此外加强密封性以减少空气进入，房屋的气密性约提高了55%；而建筑保温绝热系统利用聚苯乙烯泡沫或聚亚氨酯泡沫夹心层填充板材，不但保温效果非常良好，由于其材料的特殊性也能获得较好的建筑强度，材料非常便宜易造，不会增加大量成本；隔热水泥模板外墙系统技术通过将废物循环利用，把聚苯乙烯泡沫塑料和水泥类材料制成模板并运用于墙体施工。此模板材料坚固、易于养护且不具有导燃性，防火性能亦比较出色，故利用此种模板制作的混凝土墙体比传统木板或钢板搭建的墙体高出50%强度，并且具有防火和耐久的特点。

门窗起到空气通风以及人员进出的重要作用，所占的面积比例相较于墙壁来说十分微小。由于其独特作用，门窗的气密性不高，也受到强度、质量等因素的限制。因此，保温节能技术处理不同于墙壁和屋面，难度较大。根据研究统计，一般门窗的热损失占全部热损失的40%，包括传热损失和气流交换热损失。现阶段最常用的双层玻璃节能效果较好，在中空的内芯冲入氦气，不过相对成本较高。玻璃贴膜是一种较为经济方便的做法，通过贴上low-e膜，能够反射更多的太阳射线使其不进入屋内。不仅如此，气密性的好坏也会影响门窗的整体性能，现阶段提高气密性较为容易的方法就是在门窗周边镶嵌橡胶或者软性密封条，防止因空气对流导致的热交换。门的改造方式一般有加强门缝与门框缝隙的气密性，在门芯内填充玻璃棉板、岩棉板增加阻热性能等。注意，这些材料必须通过消防防火的检验。

1. 建筑屋面节能措施

屋面是建筑物与外界进行热交换的重要场所之一，特别是贴近顶楼的使用者会受到很大影响。为了达到良好的保温效果，选材时须注意选用导热小、蓄热大、容重小的材料；注意保温材料层、防水层、刚性表面的顺序，特别在极端气候地区更要注意选用吸水率小的材料，并在屋面设置排气孔，保持保温材料与外界的隔绝性。通过攀岩植物，例如爬山虎在外立面上覆盖绿色植被，也是一种绿色环保的方法。缺点是容易生虫，给室内人们的居住带来一定不便。屋面施工容易损坏防水层，一般不宜进行大改，节能改造应以局部改观为主。改造过程先修补防水层，然后在防水层上部进行节能材料的铺设。现阶段采用加气混凝土作为保温层，根据前文介绍保温层厚度通过当地气候条件以及房屋使用寿命和结构安全设定，最后在施工末期注意做好防水工艺。此种做法不会破坏原有屋面而且造价低廉，便于施工和维修。

2. 绿色建筑用能研究

在新能源运用方面，各种干净绿色且取之不尽的资源为人们提供了新的能量来源：风能、太阳能、水能、地热能、沼气能等，在经济发展缓慢的偏远地区非常实用。以风能与太阳能发电系统为例，太阳能电池白天发电并入当地电网将能量储存，晚上为人们提供用电需要，而且日常不需要投入太多精力用于运营维护；风能发电可以建在偏远山区或者高原地带，由于风能发电会产生一种影响人们生活的低频噪声，反而不适合在大城市使用。利用海风也是一种较为合理的能源运用方式：当大风来袭，人们可以将自然界的力量转变成可以利用的资源，只要有风就能一天24小时不间断发电，发电效率较高；而地热能源也属于一种绿色环保的资源，从古代开始，人们就认识到温泉的可利用性，现代社会不但可利用高温地热能发电或者为人类用于采暖做饭，还可借助地源热泵和地道风系统利用低温地热能。现阶段的农村能源实用技术主要有以沼气为纽带的“一池三改”沼气池配套改圈、改厕、改厨和北方农村能源生态模式四位一体、高效预制组装架空炕连灶吊炕、被动式太阳能采暖房、太阳能热水器、生物质气化、集中供气工程、秸秆气化工程和大中型畜禽养殖场能源环境工程、大中型沼气工程等。

（二）既有建筑外墙外保温系统构造和技术优化

外墙外保温节能改造技术有一个十分明显的优势：几乎不影响室内人员的日常工作生活。因为大部分施工任务都是在外墙展开，也不会破坏室内原有的布局，除了可能产生一些噪声及安全方面的不便外，屋内人员仍可以正常工作生活。同外墙内保温方式相比，外保温的热工性能较为突出，原因在于保温材料彼此搭接完整，降低了热桥现象，此外由于墙壁可以保持温度，不会产生结露的现象。如此一来整个建筑的结构就会处在相同温度中，不会受到室内外温差的影响。而室内外温差早晨的热胀冷缩应力变化会给结构增加更多压力，减少建筑物的使用寿命。因此，外墙外保温相当于为建筑穿上一件“外衣”，可以增加建筑的寿命。

1. EPS 板薄外墙外保温系统

EPS 板薄抹灰外墙外保温系统最内层为保温层施工的基层，通过在 EPS 保温板上涂抹黏胶剂将保温板粘在墙面的基层上，保温层施工完毕后覆盖上玻纤网增加薄抹灰层的强度，防止开裂，接着就可以在薄抹灰层上涂刷饰面图层，施工简便，效果明显，对屋内人员生活影响很小。EPS 抹灰系统因其优越性在西方国家得到大量运用。为保证施工质量，提高使用寿命，在对 EPS 板材施工前需要注意以下几方面：①粘贴 EPS 保温板的基层需要仔细清洁，除去泥灰、油渍等污物，以防在施工时因为基层不净使黏接的板材脱落，以便提高板材的黏接强度。②粘贴板材时黏结剂的涂膜面积至少大于整个板材面积的 40%，否则会影响其使用寿命和强度。③EPS 板应按逐行错缝的方式拼接，不要遗留松动或空鼓板，粘贴需要尽量牢固。④拐角处 EPS 板通过交错互锁的方式结合。在边角及缝隙处利用钢丝网或者玻璃纤维网增加强度，变形缝处做防水处理以防渗水。门窗洞口四角处采用整块 EPS 板切割成型，不能使用边角料随意凑数。这些工法都能提高 EPS 板的黏接强度，有利于整个墙体的保温。⑤此外还应当注意的是 EPS 板因为材料特性，刚成型时会有缓慢收缩的过程，聚苯乙烯颗粒在加热膨胀成型后会慢慢收缩，新板材最好放置一段时间再使用。

2. 胶粉 EPS 颗粒保温浆料外墙外保温系统

胶粉 EPS 保温系统的结构由基层、界面砂浆、EPS 保温浆料、抗裂砂浆面层、玻纤网、饰面层等组成。这种 EPS 保温砂浆系统可以用于外墙外保温施工，而不是传统砂浆只能用于内保温，在施工现场搅拌机中就可制成，经过训练的泥水工便能进行施工，成本相对低廉且工艺简单，没有复杂的工序。对比保温板，保温砂浆的优势在于黏接度和强度较为优秀，且对气候的适应性也高于保温板。缺点在于该系统节能效果比 EPS 板和 XPS 板要差，且保温砂浆的发挥功效需要一定的厚度，成品质量和工人素质有直接关系，搅拌不均匀、施工涂抹不均匀或偷工减料的情况都可能发生，影响保温效果。

3. 聚氨酯外墙保温技术

聚氨酯（PUF）是最近出现的一种高新材料，被广泛运用于人们生活的各个角落，称为“第五种塑料”。聚氨酯的优势较 EPS 保温板十分明显，它最大的特点是耐候性较好，不像一般的保温材料没有防水功能，聚氨酯材料具有良好的防潮性，能够阻隔水流渗透。这种材料特别适用于倒置屋面的改造或者是在较为潮湿的气候中使用；其导热系数小于 EPS 保温材料，在相同的保温效果下，需要的厚度仅有 EPS 材料的一半，减轻了外墙的负荷，因此，它与外墙的胶黏程度也得以增强，提高了材料的强度与抗风压能力；该材料也有防火性能，燃烧时也不会发生一般塑料那样的滴淌现象而是直接碳化，阻止火势蔓延；此还具有保温、防火、隔水等数种功能，使用寿命大于 25 年，维护便宜方便。此材料具有以上如此之多优点，价格也会高于传统保温材料，初始投资较高时需要慎重考虑。但综合整个使用寿命期考虑，产生效能较高且维护方便，性价比相较普通产品更好。

4. 无机玻化微珠保温技术

无机玻化微珠又被称作膨胀玻化微珠，由一种细小的玻璃质熔岩矿物质组成。这种材料的防火性能十分优秀，由于矿物质自身的材料特点具有不燃性。该材料施工方法类似于 EPS 保温砂浆，即将无机玻化微珠保温浆料现场搅拌制作涂抹于基层之上。其保温效果高于传统保温砂浆材料，但是强度不高，由于自身含有颗粒较多，2cm 以上就需要玻化网增加强度，否则就会开裂，而且吸水性非常大，最好制作砂浆时使用渗透型防水剂。

5. 外墙绿化技术

外墙绿化技术作为建筑节能措施已出现一段时间。古代巴比伦王国著名的空中花园也许是世界最早的外墙绿化植被建筑。外墙绿化技术概念的提出已经有一段时间，但是推广程度仍然不高，究其原因就是它的施工较为麻烦。首先，需要在外墙建设花坛，填充种植的基土并且种植相应的树木，保证其成活率，越高的建筑物越难进行外墙绿化施工。其次，现阶段开发商为了缩短工期都会降低建筑的复杂程度，不愿意使用拥有外墙绿化的建筑。最后，外墙绿化最明显的缺点是植物的保养与清洁需要耗费一定人力的财力，增加了建筑的使用成本，而一旦管理不善，破败的植物很容易对建筑的美观产生负面影响，浪费投资。

（三）屋面保温隔热改造技术

屋面节能技术种类较为丰富，现阶段推广的就是在屋面防水层与基层之间铺设保温层，比较新颖的技术有日本科学家研究的蓄水屋面（在屋面设立蓄水层，利用水的蒸发带走热量，水的来源可以利用雨水的收集）。蓄水技术在中国推广不高，除了技术不被熟知以外，蓄水屋面对屋顶防水要求较高，工艺不过关可能导致屋顶漏水，大大影响房屋使用功能。此外还有通风屋面技术，即利用空间形成的自然通风带走屋面热量，效能相对前两种较低，所以现在仍然采用施工简单、技术成熟的保温层铺设法。下面介绍几种常见的屋面结构。

1. 倒置式屋面

通常情况下屋面的防水层在上，而保温层在下，而倒置式屋面指将两者的位置相互颠倒。倒置式屋面的传热效应比较特殊，先通过保温层减弱屋顶温度的热交换过程，使得室外温度对屋面的影响度小于传统保温结构。因此，屋面能够积蓄的热量较低，向室内散热也小。

倒置式屋面的大致施工流程为：基层清理→节点增强→蓄水试验→防水层检查→保温层铺设→保护层施工→验收。这种工艺的特殊之处在于将保温层放置在防水层之上，保温层直面各种天气，遇到潮湿多雨季节时容易吸收大量的水分发胀。如果不选取吸水较少的材料，在冬天一旦结冰就会胀坏保温材料，严重减少材料的使用寿命。吸水性弱的材料例如聚苯乙烯泡沫板、沥青膨胀珍珠岩等都是较为合理的选择。外面保护层可以使用混凝土、水泥砂浆或者瓦面、卵石等，使得屋面保温材料拥有一层“装甲”。

2. 通风屋面

通风屋面适用于夏季炎热多雨的地区。通风屋面能够快速促进水分蒸发而不至于使屋顶泡水发霉。现在中国广大地区都有架空屋面的痕迹，最容易的方法就是在屋顶上搭建一个架空层，除了有遮挡阳光的作用，形成的空间还能加速空气流动，甚至没有建造技术的业主都能自行搭建。经过设计添加的通风屋面，主要是将预制水泥板架在屋顶之上形成架空层，遮挡阳光并加速通风。现已实验得知，通风屋面和普通屋面使用相同热阻材料而搭建不同结构，热工性能完全不在同一水平。

3. 平屋面改坡屋面

“平改坡”屋面实际上就是将平行的屋顶改造成为具有一定坡度的屋顶，这种结构有利于屋顶排水且形成的空间在一定程度上有利于房屋的隔热效能。这种屋顶比较美观，选择合适的屋面装饰可以在城市中形成一道亮丽的风景线。缺点是施工相对复杂且会加大屋面结构的受力，如果是旧屋顶“平改坡”就需要特别注意，一定在保证结构安全的前提下进行改造。现阶段有钢筋混凝土框架结构、实体砌块搭设结构等。用砌块搭建的结构太重，时间长了会使屋面发生变形，破坏屋面防水结构甚至影响结构安全，因此，尽量选取自重较轻且强度大的结构方式，例如轻钢龙骨结构。一般的轻型装配式钢结构自重非常轻，对结构造成的压力较小，“平改坡”屋面相同于外墙外保温施工工艺，不会对建筑内人员的起居造成影响，价格区间也有较大选择，预算不高可以选择最便宜的施工方法。

轻钢屋架施工方法指在原有屋面外墙的圈梁上打孔植筋，在此基础上浇筑一圈钢筋混凝土圈梁，两部分圈梁通过植筋连接为一体，新增加圈梁作为屋顶轻型钢架的支座。

4. 屋顶绿化

屋顶绿化作为新型的建筑节能改造技术，适合在降雨充沛的地区广泛推广。为了不增加屋顶的负荷，适宜采用人工基质取代天然土，将轻质模块化容器加以组合承担种植任务。屋顶绿化不需要大量人工维护，相比外墙绿化措施较为简便且功效明显，可增加城市的绿化面积。

现在已经针对屋面绿化开发出的一次成坪技术和容器式模板技术成为热门，但将种植植被的容器减重有利于屋面结构的稳定。通过 PVC 无毒塑料制成的容器模块，集排水、渗透、隔离等功能为一体。在苗圃培养园区用复合基层培育植物，等到苗圃长到一定程度就可以直接安装使用，完成屋顶整体绿化。这种技术具有屋顶现场施工方便、快捷、便于维护，枯萎植物只需要拿走容器更换新的即可。而且不会伤害屋顶保温、防水层面，不会对保温防水功能产生不利影响，从空中往下看可以看到非常美丽的“草坪”，有利于城市空气的净化。这种技术对于降水丰富的城市比较合适，植被可以在自然条件下良好生长而不需要耗费精力维护。国内研究人员经过试验表明：绿化屋顶的植被显著吸收了一部分太阳射线，并对屋顶实施了“绿色保护”。屋顶的积累温度小于没有附加绿化的普通屋顶，阻止热量向室内的扩散。屋顶绿化的缺点在于维护相对麻烦，植物需要专人照料，基本只适用于平屋顶，不适用于气候干燥少雨或者层高过高、屋顶面积狭窄的建筑。

（四）建筑外窗的节能改造技术

建筑外窗也是节能改造的重点之一。建筑围护结构中，窗户的传热和透气性都要高于一般墙壁，直接影响建筑室内外的热交换，当然也决定建筑的全年能耗。窗户的优化节能改造的入手点即从构建的节能优化。在具体措施上可包括以下几部分。

1. 将普通玻璃窗更换成节能玻璃窗

现阶段居民及公共建筑的外窗采用的大部分是普通玻璃，对太阳射线起不到阻隔作用，而且相应的气密性和热工性能也比较低，室内热量很容易通过外窗进行热交换。因此，比较合适的节能改造方式就是更换节能玻璃。现阶段最为推广的技术在于使用中空玻璃或者贴膜玻璃。中空玻璃的热工性能非常好，在双层玻璃中间间隔一层空气层（有时充入氩气），窗框与玻璃结合处有橡胶条封堵，能够有效阻隔室内外热量的交换。贴膜玻璃指的是在玻璃窗上贴上一层 low-e 薄膜，此膜能够有效反射太阳射线中的中远红外线，大大降低热辐射对房内温度的提升，而且能够使得可见光顺利通入室内，不会对照明产生影响，夏季房内不会过热，冬季不会结霜。它对紫外线的反射功效能够阻止其对室内家具的伤害，防止褪色。Low-e 中空玻璃能够将热工性能和热辐射反射功能良好结合，提高房屋的保温效能。缺点在于造价成本远高于普通玻璃，需要选择性运用。

2. 在原有外窗的基础上进行改造

最常见的做法是在窗框周围加装密封条增强气密性，防止热交换。不过带来的效果也非常有限，优点是成本极低，十分方便。增强气密性的方法有安装橡胶密封条或者打胶，另一种方法是直接在原有玻璃上贴膜，增加对热辐射的反射功能，阻止房间温度的上升。此方法对于夏季光照强烈的地区十分有效。

（五）建筑遮阳设施节能改造技术优化

在窗户周边增加遮阳板是一种相当容易并且有效的节能方法。遮阳板较为美观且安装容易，不但能够起到遮挡阳光的作用，还能够起到遮风挡雨的功效。遮阳板适合家庭安装，成本低，不需要维护。

板式遮阳安装于窗户周边，用于遮挡从不同方向射来的阳光。板式遮阳有普通水平式、折叠水平式，与百叶窗结合式以及百叶板式等，种类花样繁多，均可以起到较好的功效。遮阳板的设置主要根据阳光的入射角进行安装，例如，南边朝向的房间就可以将遮阳板安装于窗户之上，能够遮挡从上方射入的光线。现阶段比较先进的遮阳板可以利用接合部的铰链随时调整遮挡方向，非常方便。

遮阳板经过构思精巧的设计，甚至能够成为建筑物上别出心裁的亮点。例如，遮阳板通过不同方向的设置，保证了遮阳效果的发挥。为了合理控制入光量，甚至可以通过在遮阳板上钻孔的方式让合理的日光射入房间而不会影响整体采光。除了直接运用板式遮阳以外还可以设置百叶窗的效果。百叶窗的窗页纤细轻柔，看上去比遮阳板更加美观。如果需要，不会破坏整个建筑的外立面，也适合家庭或办公室采用。篷式遮阳类似于板式遮阳，不过造型更为多变且美观。篷式遮阳采取在龙骨外围蒙设骨架的结构，可以收放自如，价格也十分便宜。

但是，大部分篷式遮阳因为其本身的材料原因导致使用寿命不长，一般在几年之后就会破损毁坏，因此不适合在大型公共场所使用。

第四节 绿色建筑评价

一、可持续发展与绿色建筑评价

建立绿色建筑体系是一个高度复杂的系统工程，要实现这一工程，不仅需要环境工程师和建筑师运用可持续发展的设计方法和手段，还需要决策者、管理机构、社区组织、业主和使用者都具备环境意识，共同参与营建的全过程。这种多层次合作关系的介入，需要在整个程序中确立一个明确的建筑环境评价结果，形成共识，使其贯彻始终。因此，绿色建筑体系迫切需要现代科学评价方法作为实施运作的技术支撑。

目前一些相关的评价体系已被借鉴，如生命周期分析、生态数据库、生态模型及其他信息系统、评判方法等手段。这一类的环境评价方法主要是基于环境学家的角度，而并非从建筑的角度研究分析。并不完全适用于建筑营建中的相关因子和实践活动，尤其是数据采集困难、模型制作复杂、可操作性低，都要耗费专业人员大量时间与费用，所以迫切需要建立一种简便易行的评价工具。这一评价工具应同时考虑生态系统与城市基础设施、生物学与非生物学、社会与经济等多元因素，并涉及建筑环境综合评判中各种构成因子的质量标准。如建筑形态、使用方式、设施状况、营建过程、建筑材料、使用管理等对外部环境的影响，以及舒适、健康的内部环境营造等。所以，对绿色建筑的评价是对环境认识的一种全新概念。

（一）绿色建筑评价的界定

人工环境的营造对生态环境的作用可以从不同层面划分为全球的、地区的、社区的以及室内的环境影响。此外，评价还涉及其他一些重要方面的因子。如社会经济、历史文化、物理环境的影响（如噪声和气候）以及意识形态的内容（如景观、审美）等。而这些因子可能很难确定评价指标或者很难用一种清晰的因果关系来表达。

绿色建筑评价是针对这一复杂系统的决策思维、规划设计、实施建设、管理使用等全过程的系统化、模型化和数量化，是一种定性问题的定量化分析。定性与定量相结合的决策方法作为一种操作工具，它应对考虑环境设计的使用者提供帮助。从营造的每一阶段所采取的行动和列出一系列的指标信息而组织。为此，首先应明确以下几个问题：

1. 对所研究的问题要有明确的认识

弄清问题的范围、所包含的因子以及因子之间的关系，需要明白研究是在怎样的一种前提下进行的，并且初始阶段所做的相关选择也必须弄清楚。评价方法的选择关系到其他一些基本决定，如研究目标、边界、范围的设定，特别是在开始阶段，应抓住系统中的关键因子进行评判，忽略不重要的细节，否则将增加评价体系的复杂性，而不易把握其实质。

2. 建筑体系目标往往定位在功能使用

以往的建筑体系目标往往定位在功能使用上，在营造使用舒适的同时，常造成生态环境的质量下降，而在绿色建筑体系下的建筑现象发生过程中，需要衡量每个行动是否符合总目标，并对各个措施进行评价。因此，由于营造和使用期内的环境破坏问题，不仅需要决策部门和建筑师在决策、设计和营造阶段通过设计途径与技术措施来解决，还需要维护管理部门和使用者改变传统的观念和生活行为方式，确定相关的环境问题，提供一个协调行动的基点，建立一套“绿色建筑语言”，加强对环境重要性的认同。在设计阶段为了改善生态的环境质量，需要确立一套新的环境评价标准，来指导和限定使用者的行为。

3. 在建筑活动中一切有利害关系的不同群体应参与评定

而这些参加者及群体往往不会意见一致。在评价过程中，反复论证评价指标，以达成共识。最终的评价是建立在综合意见基础上的，这就使得评价结果有了更大的可信度和可操作性。绿色建筑的评价是由环境资料、社会价值、经济技术等多方面考虑并征求专家群意见综合得出的。这就将评价带入了分析与定量中，使评价更具科学性与准确性。

4. 在评价体系的实际操作使用中术语成为一个关键的问题

一般性的总体评价方法与各具体的评价方法所用的术语概念必须一致，否则易产生理解上的混淆。

（二）评价目的

由于绿色建筑体系所涉及的领域众多，牵涉到的人员复杂，各方面均有不同的要求和计划，必然造成对于评价内容与指标的不同期待。所以，清楚了解绿色建筑评价方法的总目标及预期结果，对于最终成果的成功与否有着重要意义。

1. 可持续发展的运行

“可持续发展”是一个很理想化的状态。它不仅包括环境方面的问题，还涉及社会、经济以及人类活动的一切方面，考虑到人与人之间、国家之间、代与代之间的不平等，以及其他方面的问题，绿色建筑如果不考虑这些广泛的文脉因素，则是毫无意义的。因此，这一评价体系应该纳入可持续发展的整体脉络中。另外，在“可持续的环境”下的一些评价需要深入而透彻地了解与环境之间的相互影响，以确保人类的建设活动是在全球生态系统可维持自身平衡的范围内（虽然要彻底弄清这一问题是非常困难的）。

目前的一些评价方法都是旨在检测建筑在环境运行中相对于以前改进的程度，而且基于这样一种假设：单体建筑的改进最终能减小环境负荷与资源消耗而达到环境议程所要求的目标。所以，更多地强调对于单栋建筑运行状况的评价，比较它们相对于同一区域的类似的一般建筑的改进情况。

2. 评价体系的设计工具

对于评价一个已建成建筑的方法称为“评价工具”。而有许多人认为这个评价工具同时也应是“设计工具”。这就提出了一个问题：同样一个工具或方法，既是评价工具又是设计工具。也就是说，评价工具中必须增加什么内容和界定，才能使其在设计中作为有用的工具，这要从评价框架的结构与操作使用者的素质和技巧来考虑。

一般建筑环境评价中必须具有对建筑的运行提供一个全面的和客观评价的能力。而设计则应具备以下三个主要功能：①确定环境目标。对于解决这些问题的可能设计战略与途径给出指导性建议。②在设计阶段就能够迅速地决策采用一项方案后的环境受益状态。③与其他设计因子和准则的关联。

在进行评价中需要关于该建筑的大量信息，但在设计阶段往往又不可能简单得到。所以，在设计工具的总体原则中应注意以下几方面：①能够使得决策部门、设计小组和营造商认识和把握住环境中最重要的问题，而不是一些次要的、复杂的问题。否则只会使人们的思维更加混乱。②需要高度的条理化、精练化。而且具备设计阶段的评价能够影响到设计结果的发展，并进行两者之间的比较，易于早期评分，以便于设计人员或业主及时调整。③最理想的设计工具所需要的大量数据，可以从设计者所使用的其他辅助工具中得到，如关于建筑容积的信息可以自动从CAD上输入。

3. 应用的普遍适用性

绿色建筑评价应该满足以下两方面的要求：第一，它们必须是客观的，是真实可靠的；第二，它们必须对那些建筑的拥有者有较大的吸引力，使他们看到关于环境方面的指标能收到较积极的效果。这样则必然导致评价指标与环境可持续发展所要求达到的基点水准间产生一种妥协。在通常的营建过程中广泛使用评价程序还不太可能，同时也很难预测是否有可能精简成更简化的系统来满足这一要求。为使评价工具能够更广泛地应用，应尽可能做到以下两点：①评价指标的数量更简化，并提出一套标准的基点。②系统框架完成后应与一个软件（网络）公司的开发应用结合挂钩。

二、评价结构框架的建立

评价体系的级次结构是各因子之间相互隶属关系和重要性的测度。根据对系统的分析，将所含的因素分系统、分层次地构成一个完善、有机的层次结构，各种因子的次序、位置关系、权重程序以及量化指标等可一目了然。

（一）构建框架

绿色建筑评价的总目标与指导思想应适用于任何地区的建筑。如果该核心被把握的话则能为发展特定地区、特定建筑类型的评价方法提供一个清晰的起点。

在开始建构评价框架时，不宜采用太复杂的方法，但应包含“核心尺度”内的关键因子。适当减少工作的范围可以更深入地思考某些特定的问题，也因此能得到及时的、更有用的反馈，从而对具体程序做深入、透彻的分析与评判。操作因子应以既有的资料与数据为基础，这样在评价阶段可以比较容易地直接利用，或借助于当工具就可以进行计算。

建立一套通用的计算方法或指导原则是非常必要的，这样可以在更大范围适用。同时，应考虑一些地区的具体情况，不同的参量，适用于不同的尺度，如研究温室效应的气体排放，应放在全球的范围来考虑，而研究土地利用，则应在区域或社区范围内考虑。

绿色建筑的评价框架应涉及以下几个主要方面：①在建筑营造与使用过程中，对环境进行有效的保护。主要是通过节能来减少对空气、土地和水的污染，提高环境的质量。②自然资源的谨慎使用。通过提供耐用和可调整的建筑，适应使用的改变；选用具有良好环境品质的材料和产品；鼓励适当的循环使用；鼓励建筑的重复使用；鼓励土地的高效使用以及水的节约和复用等。③取得经济的发展应以确保所有人的生活水平不断提高，不论是当代人还是下代人。④减少有害物质的使用。提供高品质的建成环境和室内环境，保障使用者的舒适度与健康度。⑤减少设备系统初始安装投资和长期运作费用。⑥利用可再生资源减少对不可再生资源的依赖。

（二）操作运行范围

绿色建筑评价的结构应建立在以下几个层面：资源利用、生态负荷、室内环境质量、营造过程、建筑寿命、文脉等。其中：资源利用和生态负荷则是定义一个绿色建筑的前提。尽管室内环境也是一个很主要的方面，但它们达到一个什么尺度才能算“绿色”则很难确定。

基地位置的选择与公共服务设施的关系，从总体环境的观点来考虑是十分重要的。与舒适性及服务设施的接近程度，针对不同的家庭具有不同的意义。例如：一个家庭可能希望有供孩子活动的室内外场所和托儿所，附近有停车场；而一个没有孩子的家庭也许会重视文体活动设施，这些问题影响到一座特定建筑的资源消耗、生态负荷问题，这些评价的结果是非常重要的。因为它们反映出用于交通工具的能量，与单纯用于建设和维持建筑上的能量相比是相差很大的，如果所做的决策中没有考虑到用于交通工具上的能量消耗，那么会导致对环境的不乐观后果。但是，这些因素在设计中能否被控制则取决于其在评价工具中的地位和作用，特别是以下两点：①在评价建筑环境影响与社区环境影响上的差别；②定义一个评价工具的适用范围和目的，以及一个建筑的特定边界。

（三）种类与尺度

评价的组成因子越详细，在操作运行中就越复杂、越困难。所以，非常有必要界定区域的特点和建筑的类型。

（四）生命周期框架

在环境研究领域里，生命周期评价（LCA）被普遍认为是比较不同的材料、部件、服务的合适的基础，也是建构操作框架的基础。但目前的一些绿色建筑评价只是部分地借鉴于它，而不是十分有效地使用这一生命周期框架。

三、绿色建筑评价

有关绿色建筑评价的范围所涉及的因子和亚因子的数量是巨大的，如果要制定一个设计指导原则或进行综合的评价，必须对这些范围进行分析和概括。一个评价方法的关键特征就是其复杂和简便之间的平衡而同时又易于应用。

（一）构成因子

在一个评价体系中，如果对因子和亚因子都进行评价的话，将耗费大量的时间和精力，也有可能无法判断整体评价的数据输入的相关意义。所以评价工具，特别是它的输入模型应该精简。评价因子和亚因子可以划分为关键和非关键，把握住那些重要的问题，忽略那些仅仅是涉及而不是重要的问题。当然，这种区别可以根据特定的情况而调整。关键因子和亚因子划分一旦明确下来，那么它们应该在系统内有一个相当长的稳定时间而保持不变。如果某些因子与所要评价的特定区域或具体案例的建设没有关系的话，那么应该认为该因子不可采用，但也应注意这种划分有时也因评价目的的不同而改变和调整。

（二）指标数据的收集

绿色建筑评价依靠大量的指标数据，包括以下几方面：①相关因子的规则与标准；②相关因子运行的主要特征；③相关因子的运行指标；④描述建筑设计特点、材料等的一些基本数据。

通常，使用者在数据收集过程中会遇到下面一些问题：①使用者往往认为输入模型需要过多的数据，但经常有一些与评价关系不大；②绿色建筑模型所需要的一些数据无法得到；③所需要的数据可能来自建筑使用周期过程中的某一阶段，但它对于一个特定的操作使用者在一定时间内难以得到。

以上种种说明了绿色建筑评价工具的输入模型应达到相当的精简与适用。

（三）定性和定量评判

绿色建筑评价工具的一个很重要特征就是它比以往的建筑评价方法涵盖了更广泛的操作问题。以往的方法只包括了那些客观的、科学认可的和可以被验证的问题。然而，如果要增加一些目前还较难定义准确的操作领域，则在评价上还需要更多地采用定性描述的方式。

对于定性和定量评价的分量应该具有相等的程度。如果操作起来达不到的话，则最好是排除那些具有较少细节的定性部分，而依靠那些描述性的评价。

一些定性打分指标非常模糊。它们不能作为指标评价的一部分，但可以作为描述评价的一部分。

（四）参照建筑

这是通过设定参照建筑来形成一个操作评判的基准点。参照建筑在比较中与营建的建筑有相同的尺度和类型并处于同一地区。这个“参照建筑”可以为该地区同类建筑的营建提供基准点。

如果“参照建筑”被完全采纳和利用，那么规范化就会少些失误。因为实施营建的建筑是在相似尺度、同一地区、相同用途的操作中加以比较的。

（五）操作指标

绿色建筑评价的准则就是要对操作指标有一个正确的把握和恰当的阐述。在评价过程中以下问题表现得比较突出：

1．室内环境

一些评价指标与室内环境标准有关。具体到一个建筑内部的个别空间区域例如：日光的质量和数量与方向考虑有关：热环境与是否接近窗户有关。对于一个建筑的环境评价方法要求为整个建筑制定完整而特定的操作准则。然而，每一个室内结果有直接或间接的不同。因为操作是由个别的区域和空间组成的。目前还没有明确的方法使评价者收集到所有的可以有代表的和有意义的整个建筑操作水准和其后的评分。为使评价更接近客观和全面，有时可以选择一个有代表性的空间区域作为建筑评价的基础。

2. 材料的数量

在评价过程中许多指标数据存在于具体建筑材料的特性中，但往往过于复杂，甚至不可能操作。简单地说，为了获得一个简便的评定废旧材料构成因子以及系统，或去评价一些高耗费循环材料的利用指标。使用成堆的资料和要素将会被误导并会在获取数据过程中产生相当的困难。若仅仅以较少材料或整体建筑概括的环境因素来衡量，则不可能形成一个既简单又全面的评价结果。因此，环境准则应该基于操作使用人员筛选出的具有明确研究的目标材料后，再进行数据的收集和加以评判，并且计算出营建建筑中的废弃材料占全部材料花费的百分比，以及高耗费循环材料所占的百分比，以便预先发现问题，及时调整。

3. 具体的能耗

具体的能耗评价在整个过程中是一个非常难的问题。尽管通过收集建筑的组成材料、元素和整体的具体用能来体现建筑环境的总耗能指标，但为了得到具体的耗能分析要进行大量得不偿失的努力。另外，也缺乏足够综合的能源指标，以强调在不同的建筑材料和元素中的特性。

4. 空气中的排放物

在以往的评价工具中，一般做法是将空气中的排放物的指标集中于一个表格之中。例如“全球的潜在变暖”“酸雨”等，并运用可行的技术手段来解决矛盾。通过分析，可将结果整理成具体的释放物指标（如二氧化碳、氮气、二氧化硫等）。反馈显示应返回综合性的操作指标之中，并可综合使用现存数据库的指标以及生命周期评价的结果。

（六）量化评分

一般的评价过程可分为以下两部分：①对单个的因子或亚因子评判计分。②对获得一个为了操作具有指导性的总体指标进行计算和权重评判。

1. 获取分数

对所有的分值应有统一的标准，限定在一定范围内，并给出上下临界值（如在2～5之间定分）。评价是建立在环境允许度的基础上，同时考虑须达到某一水平的困难度。费用也应该在评价中明确考虑。不同标准的评判分值都与评价的目的有关，依据整体标准指标的提高而做适当调整。

在适应基本的评分系统过程中，理想的“零点”指标在普通的操作中应通过调整来适应地区性的实践。使用者不应该降低其指标，而应尽可能加强。也许目前在某些地区理想指标似乎还不可能实现，但是在保持现有水平时，为这些地区设定了发展奋斗的目标。

2. 权重

评价的权重是一种机制，通过它可以在适用的范围内减少大量操作因子到低限，并使可把握的因子数量增加。这种权重虽然是一个主观性的过程，但在评价体系中是非常重要的。它融合了评价因子或亚因子的重要度（往往以它对人类健康或对环境影响的形式来表达）和获取它的困难度（获取一个具体指标的难度应该反映在其基准点，如果非常困难，基准点则应设置在一个更易接受的水平上）。

在评价系统中权重的程度应建立在每个因子或亚因子对环境和人类健康重要性的基础上。困难度可以在制定基准点的过程中反映出来，为那些很难或不寻常的实际营建制定更“容易”的基准点，并以零点指标和增长分数来体现。

第八章　建筑产业现代化技术在绿色施工中的应用

建筑产业现代化项目相关技术体系的完善和创新是一项重要的基础性工作，对推动建筑产业现代化发展提供了关键技术支撑。绿色施工是指在建筑的“全寿命周期”内，最大限度地节约资源（节能、节水、节地、节材）、保护环境和减少污染，为人们提供健康、适用和高效的使用空间。建筑产业现代化技术则是助推各个环节向绿色指标靠得更近的先进手段。

第一节　建筑产业现代化概述

一、建筑产业现代化的时代背景与人才需求

（一）建筑产业现代化的时代背景

改革开放以来，我国建筑产业进入了一个快速发展时期，我国建筑产业的国民经济支柱地位稳固。但是，建筑产业总体上仍然是一个劳动密集型的传统产业。面对党的十八大提出的新型工业化、城镇化、信息化良性互动、协同发展的战略任务和挑战，建筑产业如何转变发展方式，选择什么样的发展路径，确立什么样的目标，如何加快产业转型升级步伐值得深入思考。

今后较长一段时期，我国建筑产业还将面临城市化进程加快所形成的市场需求不断增长所带来的巨大发展空间。现阶段我国建筑生产虽然总量巨大，但质量和性能不高，大量采用传统的现场、手工和粗放式生产作业模式，建筑产业现代化仍处在较为初期的发展阶段，存在“四低二高”的突出问题，即建筑业标准化和工业化水平低、劳动生产率低、科技进步贡献率低、建筑质量和性能低，以及资源能源消耗高、环境污染程度高，对社会和

环境产生沉重的消极和负面影响，不能适应新型工业化和可持续发展要求，大力提高建筑产业现代化水平已经迫在眉睫。社会和经济的可持续发展需求对传统建筑的生产方式提出了新的挑战，同时也为建筑产业现代化发展带来了新的契机。因此，建设领域要大力推进建筑产业现代化，坚持走科技含量高、经济效益好、资源消耗低、环境污染少、人力资源优势得到充分发挥的新型工业化道路。

我国建筑产业现代化的探索已有多年历程，住房和城乡建设部一直倡导实施住宅产业化工作，在推进产业化技术研究和交流的基础上，组织标准规范的编制修订工作，同时陆续建成一批住宅产业化示范基地，包括住宅开发、施工安装、结构构件、住宅部品等相关产业链企业，对推动我国建筑产业现代化的广泛实施奠定了基础。

与此同时，全国各地建设主管部门相继通过出台住宅产业化、建筑工业化、建筑产业现代化等鼓励政策和激励措施，推进产业化试点和示范工程建设，在技术研发、建筑产业现代化导论标准规范、工程管理等方面都取得了很大进展，积累了许多成功经验。目前北京、上海、沈阳、深圳、南京、合肥等城市已经走在建筑产业现代化的前列，受到中央及各级政府的高度关注和大力支持。这些成功经验为我国未来推进建筑产业现代化提供了很好的借鉴。

（二）建筑产业现代化的人才需求

要实现国家建筑产业现代化，管理型、技术型及复合型人才的培养与储备是其得以健康持续发展的重要保障和关键要素。据介绍，现代建筑产业已成为建筑业发展的潮流趋势，但产业发展滞后的关键原因之一在于专业技术型人才的短缺，高校作为科班人才的输出地，到了需要结合行业前沿和生产实践，传授先进专业技术知识的时候了。

建筑产业现代化发展的最终目标是形成完整的产业链——投资融资、设计开发、技术革新、运输装配、销售物业等。独木不成林，整个产业链与高校的协作配合也是人才培养的关键，通过协作培植优秀专职、兼职教师队伍，制订培养规划、设计培养路线、把握学习培养机制、调整和优化专业结构、开发精品教材等，来逐步开展产业链上不同人才需求的培养。特别是要结合重要工程、重大课题来培养和锻炼师资队伍，通过学术交流、合作研发、联合攻关、提供咨询等形式，走出去、请进来，增强优化教师梯队建设，缓解当前产业高歌猛进，人才成“拦路虎”的局面，也有利于解决短期人才培训和长期人才培养、储备的矛盾。

培养建筑产业现代化复合型人才是一个复杂的系统工程，需要众多要素的协调和配合，要注意面向建筑产业发展的需求，深化产学研合作，构建教学、科研、企业三位一体的教育格局。十年树木，百年树人。面临当前建筑产业现代化人才短缺的窘境，必须遵循人才培养与成长规律，逐步推进、构建合理有效的建筑产业现代化复合型人才培养体系，把握好当前人才短缺与长期人才培养储备的平衡，为促进国家建筑产业现代化的健康、良性发展贡献力量。

二、建筑产业现代化的发展意义

我国建筑产业经过多年的发展，取得了巨大成效，也带动了整个社会和经济的发展，然而，建筑产业仍然存在生产力水平低下、生产方式粗放等诸多问题，行业快速发展过程中累积的矛盾日益凸现：大量的劳动力需求与人口红利消失的矛盾；低质低效的生产与更高的品质、工期等生产效率要求的矛盾；大量的建筑需求与有限的资源供应的矛盾；较大的环境污染、能耗与绿色环保、可持续发展要求的矛盾等。建筑产业的可持续发展遭遇瓶颈，如果不能得到妥善解决，在今后一段时期内将会影响经济和社会的可持续发展，因此，建筑产业亟须转变发展方式，进行产业转型升级。发展建筑产业现代化正是解决这些问题的有效途径。近年来，虽然我国积极推进建筑产业现代化的发展，取得了一定成效，但仍然缺乏完善的发展体系，没有形成目标清晰的、内容完善的顶层设计，建筑产业的生产经营方式仍然基本上沿用传统方式。对如何推进建筑产业现代化进行系统的研究，是走可持续发展道路和新型工业化道路的必然要求，对加快建筑产业现代化进程，解决建筑产业现代化中存在的各种矛盾和问题，从而促进建筑产业现代化又好又快发展具有重要意义。

（一）建筑业转型升级的需要

当前我国建筑业发展环境已经发生深刻变化，建筑业一直是劳动密集型产业，长期积累的深层次矛盾日益突出，粗放增长模式已难以为继，同其他发达国家相比，我国手工作业多、工业化程度低、劳动生产率低、工人工作条件差、质量和安全水平不高、建造过程能源和资源消耗大、环境污染严重。长期以来，我国固定资产投资规模大，而且劳动力充足、人工成本低，企业忙于规模扩张，没有动力进行工业化研究和生产。随着经济和社会的不断发展，人们对建造水平和服务品质的要求不断提高，而劳动用工成本不断上升，传统的生产模式难以为继，必须向新型生产方式转轨。因此，预制装配化是转变建筑业发展方式的重要途径。装配式建筑是提升建筑业工业化水平的重要机遇和载体，是推进建筑业节能减排的重要切入点，是建筑质量提升的根本保证。装配式建筑无论对需求方、供给方，还是对整个社会都有其独特的优势，但由于我国建筑业相关配套措施不完善，一定程度上阻碍了装配式建筑的发展。但是从长远来看，科学技术是第一生产力，国家政策必定会适应发展的需要而不断改进。因此，装配式建筑必然会成为未来建筑的主要发展方向。

（二）可持续发展的需求

在可持续发展战略指导下，努力建设资源节约型、环境友好型社会是国家现代化建设的奋斗目标，国家对资源利用、能源消耗、环境保护等方面提出了更加严格的要求，建筑业将承担更重要的任务。我国是世界上新建建筑量最大的国家，采用传统建筑方式，建筑垃圾已经占到城市固体垃圾总量的40%以上，施工过程中的扬尘、废料垃圾也在随着城市建设节奏的加快而增加，在施工建造等各环节对环境造成了破坏，同时我国建筑建造与运行能耗约占我国全社会总能耗的40%。在“全寿命周期”内最大限度地节约资源、保护环境和减少污染、与自然和谐共生的绿色建筑应成为建筑业未来的发展方向。因此，加速建筑业转型是促进建筑业可持续发展的重点。目前各地针对建筑企业的环境治理政策均是针对施工环节的，而装配式建筑目前是解决建筑施工中扬尘、垃圾污染、资源浪费等的最有效方式之一，其具有可持续性的特点，不仅防火、防虫、防潮、保温，而且环保节能。随着国家产业结构调整和建筑行业对绿色节能建筑理念的倡导，装配式建筑受到越来越多的关注。作为对建筑业生产方式的变革，装配式建筑符合可持续发展理念，是建筑业转变发展方式的有效途径，也是当前我国社会经济发展的客观要求。

（三）新型城镇化建设的需要

国务院发布的《国家新型城镇化规划》指出推动新型城市建设，坚持适用、经济绿色、美观方针，提升规划水平，全面开展城市设计，加快建设绿色城市。对大型公共建筑和政府投资的各类建筑全面执行绿色建筑标准和认证，积极推广应用绿色新型建材、装配式建筑和钢结构建筑。随着城镇化建设速度不断加快，传统建造方式从质量、安全、经济等方面已经难以满足现代化建设发展的需求。发展预制整体式建筑体系可以有效地促进建筑业从“高能耗建筑”向“绿色建筑”的转变，加速建筑业现代化发展的步伐，有助于快速推进我国的城镇化建设进程。

三、建筑产业现代化的实施途径

（一）政府引导与市场主导相结合

从多年的实践看，无论是建筑工业化，还是住宅产业化，以及今天提出的建筑产业现代化，对我国建筑业来说，从技术、投资、管理等层面都不会有太大问题，最关键的还是缺少政府主导和政策支持的长效机制。促进和实现建筑产业现代化，政府需要站在战略发展的高度，把握宏观决策，充分运用政府引导和市场化运作“两只手”共同推进。这是因为市场配置资源往往具有一定的盲目性，有时不能很好地解决社会化大生产所要求的社会总供给和社会总需求平衡以及产业结构合理化问题。政府的引导性作用就在于通过制定和实施中长期经济发展战略、产业规划、市场准入标准等来解决和平衡有关问题。再就是由于环境局限性、信息不对称、竞争不彻底、自然优势垄断等因素，市场有时也不能有效解决公共产品供给、分配公平等问题，需要政府发挥协调作用。但最关键的还是市场机制有时会损害公平和公共利益，这就要求政府必须为市场制定政策、营造环境、实施市场监管、维护市场秩序、保障公平竞争、保护消费者权益、提高资源配置效率和公平性。

（二）深化改革与措施制定相结合

建筑业要促进和实现产业现代化别无他路，必须按照《中共中央关于全面深化改革若干重大问题的决定》强调的核心内容进行全面深化改革。当前，最迫切的任务是面对新形势新任务，要出重拳破解阻碍建筑业发展的一些热点难点问题，包括市场监管体制改革等，切实为建筑业实现产业现代化创造条件。

1. 从产业结构调整入手，加强产权制度改革

要从规划设计、项目审批、融投资、建材生产、施工承包、工程监理及市场准入等方面，整合资源、科学设置、合理分工，鼓励支持企业间兼并重组与股权多元化，实现跨地区、跨行业和跨国经营。这就要求有关主管部门积极稳妥地推进《建筑法》和相关企业资质标准的修订，出台建筑市场相关管理条例或规定，使之真正成为发挥政府作用和规范建筑市场的有力抓手。

2. 注重做好建筑产业现代化发展的顶层设计，强调绿色创新发展理念

坚持以人为本、科学规划、创新设计，注重传承中华民族建筑文化，既要吸收国外先进的建设文明成果，又要避免洋垃圾侵蚀。特别是要把发展绿色建筑作为最终产品。绿色建筑是通过绿色建造过程实现的，包括绿色规划、绿色设计、绿色材料、绿色施工、绿色技术和绿色运维。

3. 大力推进建筑生产方式的深层次变革，强调建筑产品生产的“全寿命周期”集成化

建筑品的生成涉及多个阶段、多个过程和众多的利益相关方。建筑产业链的集成，在建筑产品生产的组织形式上，需要依托工程总承包管理体制的有效运行。提倡用现代工业化的生产方式建造建筑产品，彻底改变目前传统的以现场手工作业为主的施工方法。

4. 加强建筑产品生产过程的中间投入

无论是建筑材料、设备，还是施工技术，都应具有节约能源资源、减少废弃物排放、保护自然环境的功能。这就需要全行业关注，各企业重视正本清源，切实促进行业健康持

续发展。

5. 运用现代信息技术提升项目管理创新水平

随着信息化的迅猛发展和建筑信息模型化（BIM）技术的出现，信息技术已成为建筑业走向现代化不可缺少的助推力量，特别是建筑企业信息化和工程项目管理信息化必将成为实现建筑产业现代化的重要途径。

6. 以世界先进水平为标杆，科学制定建筑产业现代化相关标准

要通过国内外、各行业指标体系的纵横向对比，以当代国际上发达国家的先进水平作为参照系，制定并反映在我国建筑业进步与转型升级的各项技术经济指标上。

第二节　装配式建筑在绿色施工中的应用

一、装配式建筑技术体系

（一）混凝土结构技术体系

装配式混凝土结构是一种重要的建筑结构体系，由于其具有施工速度快、制作精确、施工简单、减少或避免湿作业、利于环保等优点，许多国家已经把它作为重要的甚至主要的结构形式。预制装配式混凝土结构在未来的建筑行业发展中必将会起到举足轻重的作用。

装配式混凝土结构的连接形式种类繁多，各类规范的不同导致各种连接形式分类的不同，不利于研究人员对其连接方式的深入研究。预制装配式混凝土结构是建筑产业现代化技术体系的重要组成部分，通过将现场现浇注混凝土改为工厂预制加工，形成预制梁柱板等部构件，再运输到施工现场进行吊装装配，结构通过灌浆连接，形成整体式组合结构体系。

1. 世构体系

世构体系是预制预应力混凝土装配整体式框架体系，是由南京大地集团于20世纪90年代从法国引进的装配式建筑结构技术。该体系采用现浇或多节预制钢筋混凝土柱，预制预应力混凝土叠合梁、板，通过钢筋混凝土后浇部分将梁、板、柱及节点连成整体的新型框架结构体系。在工程实际应用中，世构体系主要有以下三种结构形式：一是采用预制柱，预制预应力混凝土叠合梁、板的全装配框架结构；二是采用现浇柱，预制预应力混凝土叠合梁、板的半装配框架结构；三是仅采用预制预应力混凝土叠合板，适用于各种类型

的结构。

安装时先浇筑柱，后吊装预制梁，再吊装预制板，柱底伸出钢筋，浇筑带预留孔的基础，柱与梁的连接采用键槽，叠合板的预制部分采用先张法施工，叠合梁为预应力或非预应力梁，框架梁、柱节点处设置U形钢筋。该体系关键技术键槽式节点避免了传统装配式节点的复杂工艺，增加了现浇与预制部分的结合面，能有效传递梁端剪力，可应用于抗震设防烈度6度或7度地区，高度不大于45 m的建筑。

2．预制混凝土装配整体式框架（润泰）体系

预制混凝土装配整体式框架（润泰）体系是全部或部分剪力墙采用预制墙板构建成的装配整体式混凝土结构。采用的预制构件有：预制混凝土夹心保温外墙板、预制内墙板、预制楼梯、预制桁架混凝土叠合板底板、预制阳台、预制空调板。其中预制墙板通过灌浆套筒连接，并与现场后浇混凝土、水泥基灌浆料等形成竖向承重体系。预制桁架混凝土叠合板底板兼做模板，辅以配套支撑，设置与竖向构件的连接钢筋、必要的受力钢筋以及构造钢筋，再浇筑混凝土叠合层，形成整体楼盖。

3．NPC结构体系

NPC（New Prefabricated Concrete）结构体系是南通中南集团从澳大利亚引进的装配式结构技术，剪力墙、柱、电梯井等竖向构件采用预制形式，水平构件梁、板采用叠合现浇形式；竖向构件通过预埋件、预留插孔浆锚连接，水平构件与竖向构件连接节点及水平构件间连接节点采用预留钢筋叠合现浇连接，从而形成整体结构体系。

4．双板叠合预制装配整体式剪力墙体系——元大体系

双板叠合预制装配整体式剪力墙体系是由江苏元大建筑科技有限公司从德国引进的装配式结构体系，该体系由叠合梁、板，叠合现浇剪力墙、预制外墙模板等组成，剪力墙等竖向构件部分现浇，预制外墙模板通过玻璃纤维伸出筋与外墙剪力墙浇成一体。双板叠合预制装配整体式剪力墙体系的特色是预制墙体间的连接由U形钢筋伸入上部双板墙中部间隙内，两墙板之间的钢筋桁架与墙板中的钢筋网片焊接，后现浇灌缝混凝土形成连接。

（二）钢结构技术体系

钢结构建筑是采用型钢，在工厂制作成梁柱板等部品构件，再运输到施工工地进行吊装装配，结构通过锚栓连接或焊接连接而成的建筑，具有自重轻、抗震性能好、绿色环保、工业化程度高、综合经济效益显著等诸多优点。装配式钢结构符合我国“四节一环保”和建筑业可持续发展的战略需求，符合建筑产业现代化的技术要求，是未来住宅产业的发展趋势。

钢结构体系可分为：空间结构系列、钢结构住宅系列、钢结构配套产业系列等。我国

在工业建筑和超高、超大型公共建筑领域已经基本采用钢结构体系。钢结构体系发展体现在以下三方面：

1. 轻钢门式刚架体系

以门式刚架体系为典型结构的工业建筑和仓储建筑。目前，凡较大跨度的新建工业建筑和仓储建筑中，已很少再使用钢筋混凝土框架体系、钢屋架-混凝土柱体系或其他砌体结构。

2. 空间结构体系

采用各种空间结构体系作为屋盖结构的铁路站房、机场航站楼、公路交通枢纽及收费站、体育场馆、剧场、影院、音乐厅和会展设施。这类大跨度结构本来就是钢结构体系发挥其轻质高强固有特点的最佳场合，其应用恰恰顺应了经济、文化和社会建设迅猛发展的需求。

3. 以外围钢框架

混凝土核心筒或钢板剪力墙等组成的高层、超高层结构体系。钢框架、混凝土核心筒结构宜在低地震烈度区采用，在高地震烈度区，宜采用全钢结构。

对于钢结构住宅，框架体系、轻钢龙骨（冷弯薄壁型钢）体系主要适用于三层以下的结构；框架支撑体系、轻钢龙骨（冷弯薄壁型钢）体系、钢框架-混凝土剪力墙体系主要适用于4~6层建筑；钢框架-混凝土核心筒（剪力墙）体系、钢混凝土组合结构体系适用于7~12层建筑，12层以上钢结构住宅可参照执行；外围钢框架-混凝土核心筒结构、钢板剪力墙结构适用于高层与超高层建筑。钢结构住宅宜成为防震减灾的首选结构体系。

（三）竹木结构技术体系

1. 轻型木结构体系

轻型木结构体系源自加拿大等北美国家和地区，通过不同形式的拼装，形成墙体、楼盖、屋架。其主要抵抗竖向力以及水平力，该结构体系是由规格材、覆面板组成的轻型木剪力墙体，具有整体性较好、施工便捷等优点，适用于民居、别墅等房屋。缺点是结构适用跨度较小，无法满足大洞口、大空间的要求。

2. 重型木结构体系

（1）梁柱框架结构

梁柱框架结构是重型木结构体系的一种形式，其又可分为框架支撑结构、框架-剪力墙结构。框架支撑结构是框架结构中加入木支撑或者钢支撑，用以提高结构抗侧刚度。框架-剪力墙结构是以梁柱构件形成的框架，为竖向承重体系，梁柱框架中内嵌轻型木剪力墙为抗侧体系。梁柱框架结构可以满足建筑中大洞口、大跨度的要求，适用于会所、办公楼等公共场所。

（2）CLT 剪力墙结构

正交胶合木（CLT）是一种新型的胶合木构件，是将多层板通过横纹和竖纹交错排布，叠放胶合而成的构件，形成的 CLT 构件具有十分优异的结构性能，可以用于中高层木结构建筑中的剪力墙体、楼盖，能够满足结构所需的强度、刚度要求。同时，CLT 构件的表面尺寸、厚度均具有可设计性，在满足可靠连接的前提下，可以直接进行墙体与楼盖的组装，极大地提高了工程的施工效率。缺点是 CLT 剪力墙结构所需木材量较多。

（3）拱、网壳类结构体系

竹木结构的拱、网壳类结构与传统拱、网壳类结构在结构体系上没有区别，仅在结构材料上有不同。竹木结构拱、网壳适用于大跨度的体育场馆、公共建筑、桥梁中，采用现代工艺的胶合木为结构件，通过螺栓连接、植筋连接等技术将分段的拱、曲铰梁等构件拼接成连续的大跨度构件，或者空间的壳体结构。该类结构体系由于材料自身弹模的限值，在不同的适用跨度范围内，可选择合适的结构形式。

二、关键技术研究

在现有技术体系的基础上，对装配式建筑关键技术开展相关研究工作，为我国建筑产业化深入持续和广泛推进提供强大的技术支撑。表 8-1 是关于装配式建筑关键技术研究项目和内容要点，这些研究成果及形成的有关技术标准能丰富我国装配式建筑技术标准体系。

表 8-1　装配式建筑关键技术研究项目和内容要点

序号	关键技术研究项目	研究主要内容
1	装配式节点性能研究	①与现浇结构等效连接的节点——固支； ②与现浇结构非等效连接的节点——简支、铰接、接近固支； ③柔性连接节点——外墙挂板
2	装配式楼盖结构分析	①与现浇性能等同的叠合楼盖——单向板、双向板； ②预制楼板依靠叠合层进行水平传力的楼盖——单向板； ③预制楼板依靠板缝传力的楼盖——单向板
3	装配式结构构件的连接技术	①采用预留钢筋错固及后浇混凝土连接的整体式接缝； ②采用钢筋套筒灌浆或约束浆错搭接连接的整体式接缝； ③采用钢筋机械连接及后浇混凝土连接的整体式接缝； ④采用焊接或螺栓连接的接缝。

续表

序号	关键技术研究项目	研究主要内容
4	预制建筑技术体系集成	①结构体系选择； ②标准化部品集成； ③设备集成； ④装修集成； ⑤专业协同的实施方案

第三节 标准化技术在绿色施工中的应用

一、建筑信息模型技术概述

建筑信息模型（Building Information Modeling）是以建筑工程项目的各项相关信息数据作为模型基础，进行建筑模型的建立，通过数字信息仿真模拟建筑物所具有的真实信息。它具有可视化、协调性、模拟性、优化性和可出图性五大特点。

（一）可视化

可视化（Visualization）即所见所得的形式，对于建筑行业来说，可视化的真正运用在业内的作用是非常大的。例如，从业人员经常拿到的施工图纸，只是各个构件的信息在图纸上采用线条绘制表达，但是其真正的构造形式就需要建筑业参与人员去自行想象了。对于简单的事物来说，这种想象也未尝不可，但是近几年建筑业的建筑形式各异，复杂造型不断推出，那么这种只靠人脑去想象的形式就未免有点不太现实了。建筑信息模型提供了可视化的思路，将以往线条式的构件形成一种三维的立体实物图形展示在人们面前。建筑业也需要由设计方出效果图，但是这种效果图是分包给专业的效果图制作团队的。由他们识读设计方制作出的线条式信息并制作出来的，并不是通过构件的信息自动生成的，缺少了同构件之间的互动性和反馈性。然而建筑信息模型提出的可视化是一种能够同构件之间形成互动性和反馈性的可视，在建筑信息模型中，由于整个过程都是可视化的，所以可视化的结果不仅可以用来进行效果图的展示及报表的生成，更重要的是：项目设计、建造、运营过程中的沟通、讨论、决策都在可视化的状态下进行。

（二）协调性

协调性（Coordination）是建筑业中的重点内容，不管是施工单位还是业主及设计单位，无不在做着协调及相配合的工作，一旦项目的实施过程中遇到了问题，就要将各有关人士组织起来开协调会，找出各施工问题发生的原因，然后通过做出变更、采取相应补救措施等方式解决问题。协调往往在问题发生后，浪费大量的资源。在设计时，由于各专业设计师之间的沟通不到位，常会出现各专业之间的碰撞问题，如暖通等管道在进行布置时，由于施工图纸是分别绘制在各自的施工图纸上的，真正施工过程中，可能在布置管线时正好在此处有结构设计的梁等构件妨碍管线的布置，这是施工中常遇到的碰撞问题，协调时会导致成本增加。此时建筑信息模型的协调性服务便可以大显身手，即建筑信息模型可在建筑物建造前期对各专业的碰撞问题进行协调，生成协调数据并提供出来，提前发现并解决问题。建筑信息模型的协调性远不止这些，如电梯井布置与其他设计布置及净空要求的协调，防火分区与其他设计布置的协调，地下排水布置与其他设计布置的协调等，都是传统施工技术中常见的问题。

（三）模拟性

模拟性（Simulation）并不是只能模拟设计出的建筑物模型，还可以模拟不能够在真实世界中进行操作的事物。在设计阶段，建筑信息模型可以对设计上需要进行模拟的一些事物进行模拟实验，如节能模拟、紧急疏散模拟、日照模拟、热能传导模拟等。在招投标和施工阶段可以进行4D模拟（三维模型加项目的发展时间），也就是根据施工的组织设计模拟实际施工，从而确定合理的施工方案来指导施工。同时建筑信息模型还可以进行5D模拟（基于3D模型的造价控制），以实现成本控制。后期运营阶段可以模拟日常紧急情况的处理方式，如地震人员逃生模拟及消防人员疏散模拟等。

（四）优化性

整个设计、施工、运营的过程就是一个不断优化的过程，在建筑信息模型的基础上可以做更好的优化。优化受各个条件的制约：信息、复杂程度和时间等。没有准确的信息就无法得出合理的优化结果，建筑信息模型提供了建筑物实际存在的信息，包括几何信息、物理信息、规则信息，还提供了建筑物变化以后的实际存在。复杂程度高到一定水平，参与人员本身的能力无法掌握所有的信息，必须借助一定的科学技术和设备。现代建筑物的复杂程度大多超过参与人员本身的能力极限，建筑信息模型及与其配套的各种优化工具提供了对复杂项目进行优化的可能。

基于建筑信息模型的优化可以完成下面的工作：

1. 项目方案优化

把项目设计和投资回报分析结合起来，设计变化对投资回报的影响可以实时计算出来：这样业主对设计方案的选择就不会主要停留在对形状的评价上，而可以使得业主进一步知道哪种项目设计方案更有利于自身的需求。

2. 特殊项目的设计优化

如裙楼、幕墙、屋顶、大空间到处可以看到异型设计，这些内容看起来占整个建筑的比例不大，但是占投资和工作量的比例与前者相比却往往要大得多，而且通常也是施工难度比较大和施工问题比较多的地方。对这些内容的设计、施工方案进行优化，可以带来显著的工期和造价改进。

（五）可出图性

建筑信息模型并不仅可以为建筑设计单位出图，还可以在对建筑物进行可视化展示、协调、模拟优化后，帮助业主出如下图纸和资料：①综合管线图（经过碰撞检查和设计修改，消除了相应错误以后）；②综合结构留洞图（预埋套管图）；③碰撞检查侦错报告和建议改进方案。

二、建筑信息模型技术在绿色施工中的应用

一座建筑的“全寿命周期”应包括建筑原材料的获取，建筑材料的制造、运输和安装，建筑系统的建造、运行、维护以及最后的拆除等全过程。所以，要想使绿色建筑的“全寿命周期”更富活力，就要在节地、节水、节材、节能及施工管理、运营及维护管理五方面深入拆解这“全寿命周期”，不断推进整体行业向绿色方向行进。

（一）节地与室外环境

节地不仅是施工用地的合理利用，建筑设计前期的场地分析、运营管理中的空间管理也同样包含在内。

1. 场地分析

场地分析是研究影响建筑物定位的主要因素，是确定建筑物的空间方位和外观，建立建筑物与周围景观联系的过程。建筑信息模型结合地理信息系统（Geographic Information System，GIS），对现场及拟建的建筑物空间数据进行建模分析，结合场地使用条件和特点，做出最理想的现场规划、交通流线组织关系，利用计算机可分析出不同坡度的分布及

场地坡向，建设地域发生自然灾害的可能性，区分可适宜建设与不适宜建设区城，对前期场地设计可起到至关重要的作用。

2．土方开挖

利用场地合并模型，在三维中直观查看场地挖、填方情况，对比原始地形图与规划地形图得出各区块原始平均高程、设计高程、平均开挖高程，然后计算出各区块挖、填方量。

3．施工用地

建筑施工是一个高度动态的过程，随着建筑工程规模不断扩大，复杂程度不断提高，施工项目管理变得极为复杂，施工用地、材料加工区、堆场也随着工程进度的变换而调整。建筑信息模型的4D施工模拟技术可以在项目建造过程中合理制订施工计划，精确掌握施工进度，优化使用施工资源以及科学地进行场地布置。

4．空间管理

空间管理是业主为节省空间成本、有效利用空间，为最终用户提供良好工作生活环境而建筑空间所做的管理。建筑信息模型可以帮助管理团队记录空间的使用情况，处理最终用户要求空间变更的请求，分析现有空间的使用情况，合理分配建筑物空间，确保空间资源的最大利用率。

（二）节能与能源利用

以建筑信息模型技术推进绿色建筑，节约能源，降低资源消耗和浪费、减少污染是建筑发展的方向和目的，是绿色建筑发展的必由之路。节能在绿色环保方面具体有两种体现：一是帮助建筑形成资源的循环使用，这包括水能循环、风能流动、自然光能的照射，科学地根据不同功能、朝向和位置选择最适合的构造形式。二是实现建筑自身的减排，构建时，以信息化减少工程建设周期；运营时，在满足使用需求的同时，还能保证最低的资源消耗。

1．方案论证

在方案论证阶段，项目投资方可以使用建筑信息模型来评估设计方案布局、视野、照明、安全体工程学、声学、纹理、色彩及规范的遵守情况。建筑信息模型甚至可以做到建筑局部的细节推敲，迅速分析设计和施工中可能需要应对的问题。建筑信息模型可以包含建筑几何形体设计的专业信息，其中也包括许多用于执行生态设计分析的信息，利用Revit创建的建筑信息模型通过gbXML这一桥梁可以很好地将建筑设计和生态设计紧密联系在一起，设计将不单是体量、材质、颜色等，也是动态的、有机的。

2. 建筑系统分析

建筑系统分析是对照业主使用需求及设计规定来衡量建筑物性能的过程，包括机械系统如何操作和建筑物能耗分析、内外部气流模拟分析、照明分析、人流分析等涉及建筑物性能的评估。建筑信息模型结合专业的建筑物系统分析软件避免了重复建立模型和采集系统参数。通过建筑信息模型可以验证建筑物是否按照特定的设计规定和可持续标准建造。通过这些分析模拟，最终确定修改系统参数甚至系统改造计划，以提高整个建筑的性能，建立智能化的绿色建筑。

总的来说，可以在建筑建造前做到可持续设计分析，使得控制材料成本，节水、节电，控制建筑能耗，减少碳排量等，到后期的雨水收集量计算、太阳能采集量、建筑材料老化更新等工作做到最合理化。在倡导绿色环保的今天，建筑建造需要转向更实用更清洁更有效的技术，尽可能减少能源和其他自然资源的消耗，建立极少产生废料和污染物的技术系统。可以看出，建筑信息模型的模拟性并不是只能模拟设计出的建筑物模型，还可以模拟不能够在真实世界中进行操作的事物。建筑信息模型可以进行的模拟实验，如节能模拟、紧急疏散模拟、日照模拟、热能传导模拟等。在招投标和施工阶段可以进行4D模拟(三维模型加项目的发展时间)，也就是根据施工的组织设计模拟实际施工，从而来确定合理的施工方案以指导施工。同时还可以进行5D模拟（基于3D模型的造价控制），从而实现成本控制。后期运营阶段可以模拟日常紧急情况的处理方式，如地震人员逃生模拟及消防人员疏散模拟等。

建筑信息模型是信息技术在建筑中的应用。赋予建筑“绿色生命”，应当以绿色为目的、以建筑信息模型技术为手段，用绿色的观念和方式进行建筑的规划、设计，采用建筑信息模型技术在施工和运营阶段促进绿色指标的落实，促进整个行业的进一步资源优化整合。我们可以相信，传统制图方式会被逐渐淘汰，以建筑信息模型为开端的协同绿色设计革命已经悄然开始。

第四节　信息化技术在绿色施工中的应用

一、信息化技术体系

（一）项目信息化的概念

项目信息化是指通过计算机应用技术和网络应用技术替代传统方式完成工程项目日常

管理工作，进而提高人工效率、缩短管理流程、节约办公资源、提高材料利用率、降低管理成本、提升工程效益。

（二）项目信息化的手段及目标

1. 项目信息化的手段

项目信息化的手段有以下几方面：①单项程序的应用，如工程网络计划的时间参数的计算程序、施工图预算程序等。②区域规划、建筑 CAD 设计、工程造价计算、钢筋计算、物资台账管理、工程计划网络制订等，以及经营管理方面程序系统的应用，如项目管理信息系统、设施管理信息系统（Facility Management Information System）等。③程序系统的集成，如工程量计算、大体积混凝土养护、深基坑支护、建筑物垂直度测量、施工现场的 CAD 等。④基于网络平台的工程管理和信息共享。

2. 项目信息化的目标

建筑项目信息化目标有以下几点：①建立统一的财务管理平台，实时监控项目的财务状况。②实现全面预算管理，事前计划、事中控制工程项目运营。③实现材料、机械集中管理，提高材料使用效率，降低材料机械使用成本。④建立项目管理集成应用平台，实现工程建设项目全过程管理的集成应用。⑤建立企业内部的办公自动化平台。⑥为企业领导提供决策支持平台。

（三）信息化与绿色施工的关系

绿色施工的总体原则：一是要进行总体方案优化，在规划、设计阶段充分考虑绿色施工的总体要求，提供基础条件；二是对施工策划，在材料采购、现场施工、工程验收等各阶段加强控制，加强整改施工过程的管理和监督，确保达到“四节一环保”要求。

综合对比绿色施工原则及工程信息化可知，两者共通点即节约；通过信息化技术的运用，促进项目管理向集约化、可控化发展，实现节能、节材、节地、环保、高效的施工管理。

建筑业由于其产品不标准、复杂程度高、数据量大、项目团队临时组建，各条线获取管理所需数据困难，使得建筑产品生产过程管理粗放，窝工、货物多、进退场、设备迟到早到等引起项目上消耗的情况很多，信息技术为改变这种状况能起到巨大的作用。

二、合理选择信息技术应用工具

工程项目信息化就是应用信息技术工具和软件解决施工问题与管理问题的过程，信息化手段是由单项到整体、由简单功能到系统集成、由单机使用到网络共享互动的多层次的技术应用工具。因此，针对绿色施工的管理要求要正确地选择工具软件，为实现管理目标服务。

（一）绿色施工管理目标分析

根据绿色施工的总体框架组成要求，分析施工管理目标如下：①根据节地与施工用地保护、环境保护的原则，确定“减少场地干扰，尊重基地环境”的目标。②根据节材与材料资源利用、节能与能源利用的原则，确定“施工安排结合气候”“水资源的节约利用”“节约电能”“减少材料的损耗”“可回收资源的利用”等目标。③根据环境保护的原则，确定“减少环境污染，提高环境品质”的目标。④根据施工管理的原则，确定“实施科学管理”的目标。

（二）针对绿色施工管理目标进行信息化工具选型

1. 减少场地干扰、尊重基地环境

工程施工过程会严重扰乱场地环境，这一点对于未开发区域的新建项目尤为严重。场地平整、土方开挖、施工降水、永久及临时设施建造、场地废物处理等均会对场地上现存的动植物资源、地形地貌、地下水位等造成影响；还会对场地内现存的文物、地方特色资源等带来破坏，影响当地文脉的继承和发扬。因此，施工中减少场地干扰、尊重基地环境对保护生态环境、维持地方文脉具有重要的意义。

针对此问题可以充分利用施工现场的 CAD 应用技术、数字化测量技术，根据相关图文资料划定场地内哪些区域将被保护，哪些区域将被用作仓储和临时设施建设，如何合理安排承包商、分包商及各工种对施工场地的使用，减少材料和设备的搬动。利用计算软件精算土方工程量，尽量减少清理和扰动的区域面积，尽量减少临时设施，减少施工用管线。

2. 结合气象条件安排施工

承建单位在选择施工方法、施工机械、安排施工顺序、布置施工场地时应结合气候特征，从而减少因为气候而带来施工措施的增加，资源和能源用量的增加，有效地降低施工成本；减少因为额外措施对施工现场及环境的干扰，有利于施工现场环境质量品质的改善和工程质量的提高。

首先，可以通过互联网了解现场所在地区的气象资料及特征，如降雨、降雪资料，气温资料、风的资料等。其次，在施工过程中通过工程网络进度计划编制软件，制订进度计划并与气候条件进行比对，适当微调进度以适应气候条件（如在雨季来临之前，完成土方工程、基础工程的施工），减少其他需要增加的额外季节施工保证措施，这样做可在降低成本的前提下提高质量、节约资源，避免能源浪费。

3. 材料、电能、水资源的节约利用

工程项目通常要使用大量的材料、能源和水资源。减少资源的消耗，节约能源，提高效益，保护水资源是可持续发展的基本要点。在工程项目中利用工程量计算程序、物资台账管理工具、设施管理信息系统工具等信息化手段，计划好材料、资源、能源消耗量，完善电子台账数据管理，管控结合提高材料、资源利用率，杜绝浪费。

4. 减少环境污染，提高环境品质

工程施工中产生的大量灰尘、噪声、有毒有害气体、废弃物等会对环境品质造成严重的影响，也将对现场工作人员、使用者以及公众人员的健康带来损害。因此，减少环境污染、提高环境品质是绿色施工的基本目标。提高与施工有关的室内外空气品质是该目标的最主要内容。

为达到这一目标可以利用环境电子监测设备对现场灰尘、噪声进行连续监测，监测数据直接导入统计处理系统中并生成污染指数图表进行直接表达。通过信息平台的共享直接传达至现场施工管理人员，实现环境污染的实时监控和实时管理，动态化地控制污染以提高环境品质。

5. 实施科学管理

工程项目实施绿色施工，必须实施科学管理，提高企业管理水平，使企业从被动地适应转变为主动地响应，使企业实施绿色施工制度化、规范化。这将充分发挥绿色施工对促进可持续发展的作用，增加绿色施工的经济性效果。

通过在各职能部门采用信息化管理，建立财务管理平台、预算管理数据库、进度计划跟踪管理系统等应用工具，对工程项目的费用计划、实施费用和收付账进行实时的可比对的监管，实现资金效益的最大化，在实现绿色施工的同时提高项目的经济效益。建立起绿色施工在政策引导、社会责任导向之外的经济自我驱动力，实现项目绿色施工的自觉力、可持续发展力。

三、信息化技术强有力的支撑——建筑信息模型技术

施工行业本身是一个动态过程，是建筑这种特殊产品的一个物化过程。在这个物化过程中要通过组织资源及各种要素来实现。施工过程中机械设备的使用量越来越多，合理地选用机械设备，改善作业条件，减轻劳动强度，实施建筑构件和配件生产工业化，施工现场装配化更是一个重要方向。

实际上，通过信息技术改造传统产业在十几年前就提出过，但现在提出来更为现实、

可行，尤其以建筑信息模型技术在整个施工过程中的应用最为突出。诚然，建筑信息模型为信息化施工或者网络信息化施工提供了一个很好的工具，是绿色施工的首选。目前，建筑信息模型技术已被国际项目管理界公认为一项建筑业生产力革命性技术。为解决项目管理两项根本性难题即工程海量数据的创建、管理、共享和项目协同带来了很好的技术支撑。

基于建筑信息模型的虚拟施工，其施工本身不消耗施工资源，却可以根据可视化效果看到并了解施工的过程和结果，可以较大程度地降低返工成本和管理成本，降低风险，增强管理者对施工过程的控制能力。

建模的过程就是虚拟施工的过程，是先试后建的过程。施工过程的顺利实施是在有效的施工方案指导下进行的，施工方案主要根据项目经理、项目总工程师及项目部的经验编制，它的可行性一直受到业界的关注。由于建筑产品的单一性和不可重复性，施工方案具有不可重复性。一般情况下，当某个工程即将结束时，一套完整的施工方案才展现于面前。

施工进度拖延，安全、质量问题频发，返工率高，施工成本超支等已成为现有建筑工程项目的通病。在施工开始前，制订完善的施工方案是十分必要的，也是极为重要的。虚拟施工技术不仅可以检测和比较施工方案，还可以优化施工方案。

（一）可视化图纸输出

可视化模型输出的施工图片，分发给施工人员可作为可视化的工作操作说明或技术交底，用于指导现场的施工，方便现场的施工管理人员拿图纸进行施工指导和现场管理。

（二）施工现场建模

施工前，施工方案制订人员先进行详细的施工现场勘察，重点研究解决施工现场整体规划、现场进场位置、卸货区的位置、起重机械的位置及危险区域等问题，确保建筑构件在起重机械安全有效范围内作业；利用五维建模，可模拟施工过程、构件吊装路径、危险区域、车辆进出现场状况、装货卸货情况等。施工现场虚拟五维全真模型可以直观、便利地协助管理者分析现场的限制，找出潜在的问题，制定可行的施工方法，有利于提高效率，减少传统施工现场布置方法中存在的漏洞，及早发现施工图设计和施工方案的问题，提高施工现场的生产率和安全性。

（三）施工机械建模

施工方法通常由工程产品和施工机械的使用决定，现场的整体规划、现场空间、机械生产能力、机械安拆的方法又决定施工机械的选型。

（四）临时设施建模

临时设施是为工程施工服务的，它的布置将影响到工程施工的安全、质量和生产效率，五维全真模型虚拟临时设施对施工单位很有用，可以实现临时设施的布置及运用，还可以帮助施工单位事先准确地估算所需要的资源，评估临时设施的安全性及是否便于施工，以及发现可能存在的设计错误。

（五）费用控制

建筑信息模型被誉为参数化的模型，因此，在建模的同时，各类构件就被赋予了尺寸、型号、材料等约束参数。建筑信息模型是经过可视化设计环境反复验证和修改的成果，由此导出的材料设备数据有很高的可信度，应用建筑信息模型导出的数据可以直接应用到工程预算中，为造价控制施工决算提供有利的依据。以往施工决算的时候都是拿着图纸在计算，有了模型以后，数据完全自动生成，做决算、预算的准确性提高了。

（六）施工方法验证过程

建筑信息模型技术能模拟运行整个施工过程，项目管理人员、工程技术人员和施工人员可以了解每一步的施工活动。如果发现问题，工程技术人员和施工人员可以提出新的方法，并对新的方法进行模拟来验证其是否可行，即施工试误过程，它能做到在工程施工前绝大多数的施工风险和问题都能被识别，并有效地解决。

（七）项目参与者之间有效的交流工具

虚拟施工使施工变得可视化，这极大地便利了项目参与者之间的交流，特别是不具备工程专业知识的人员，可以增加项目参与各方对工程内容及完成工程保证措施的了解。施工过程的可视化，使建筑信息模型成为一个便于施工参与各方交流的沟通平台。通过这种可视化的模拟缩短了现场工作人员熟悉项目施工内容、方法的时间，减少了现场人员在工程施工初期犯错误的时间和成本，还可加快、加深对工程参与人员培训的速度及深度，真正做到质量、安全、进度、成本管理和控制的人人参与。

（八）工作空间可视化

建筑信息模型还可以提供可视化的施工空间。建筑信息模型的可视化是动态的，施工空间随着工程的进展会不断变化，它将影响到工人的工作效率和施工安全。通过可视化模拟工作人员的施工状况，可以形象地看到施工工作面、施工机械位置的情形，并评估施工进展中这些工作空间的可用性、安全性。

（九）施工方法可视化

5D 全真模型平台虚拟原型工程施工，对施工过程进行可视化的模拟，包括工程设计、现场环境和资源使用状况，具有更大的可预见性，将改变传统的施工计划、组织模式。施工方法的可视化使所有项目参与者在施工前就能清楚地知道所有施工内容以及自己的工作职责，能促进施工过程中的有效交流，它是目前评估施工方法、发现问题、评估施工风险简单、经济、安全的方法。

采用建筑信息模型进行虚拟施工，须事先确定以下信息：设计和现场施工环境的五维模型；根据构件选择施工机械及机械的运行方式；确定施工的方式和顺序；确定所需临时设施及安装位置。

（十）建筑构件建模

首先，根据建筑图纸，将整个建筑工程分解为各类构件，并通过三维构件模型，将它们的尺寸、体积、重量直接测量下来，以及采用的材料类型、型号记录下来。其次，针对主要构件选择施工设备、机具，确定施工方法。通过建筑构件建模，帮助施工者事先研究如何在现场进行构件的施工和安装。

在信息化和建筑工业化发展的相互推进中，现阶段信息化的发展主要表现在建筑信息模型技术在建筑工业化中的应用。建筑信息模型技术作为信息化技术的一种，已随着建筑工业化的推进逐渐在我国建筑业应用推广。建筑信息化发展阶段依次是手工、自动化、信息化、网络化，而建筑信息模型技术正在开启我国建筑施工从自动化到信息化的转变。

工程项目是建筑业的核心业务，工程项目信息化主要依靠工具类软件（如造价和计量软件等）和管理类软件（如造价管理系统，招投标知识管理、施工项目管理解决方案等），建筑信息模型技术能够实现工程项目的信息化建设，通过可视化的技术促进规划方、设计方、施工方和运维方协同工作，并对项目进行“全寿命周期”管理，特别是从设计方案、施工进度、成本质量、安全、环保等方面，增强项目的可预知性和可控性。

随着越来越多的企业认识到建筑信息模型技术的重要性，建筑信息模型技术将逐步向 4D/5D 仿真模拟和数字化制造方向发展，工业化住宅建造过程届时将更可控、效益将更高。不管未来建筑信息化技术如何发展，从现阶段来看，其已在我国建筑工业化发展中扮演了“推进器”的角色。随着未来信息化和工业化的深度融合，信息化必将在我国的产业化发展中起到更大的作用。

新型建筑工业化正是将传统建筑业的“湿法作业”建造模式转向制造业工厂生产模式。制造业信息化将信息技术、自动化技术、现代管理技术与制造技术相结合，可以改善制造企业的经营、管理、产品开发和生产等各个环节；提高生产效率、产品质量和企业的创新能力，降低消耗，带动产品设计方法和设计工具的创新、企业管理模式的创新、制造技术的创新以及企业间协作关系的创新，从而实现产品设计制造和企业管理的信息化、生产过程控制的智能化、制造装备的数控化以及咨询服务的网络化，全面提升建筑企业的竞争力。

参考文献

[1] 赵永杰，张恒博，赵宇．绿色建筑施工技术［M］．长春：吉林科学技术出版社，2019.

[2] 杨承惁，陈浩．绿色建筑施工与管理（2019）［M］．北京：中国建材工业出版社，2019.

[3] 宋娟，贺龙喜，杨明柱．基于 BIM 技术的绿色建筑施工新方法研究［M］．长春：吉林科学技术出版社，2019.

[4] 华洁，衣韶辉，王忠良．绿色建筑与绿色施工研究［M］．延吉：延边大学出版社，2019.

[5] 章峰，卢浩亮．基于绿色视角的建筑施工与成本管理［M］．北京：北京工业大学出版社，2019.

[6] 王禹，高明．新时期绿色建筑理念与其实践应用研究［M］．北京：中国原子能出版社，2019.

[7] 张晶，张柳，杨芬．建筑装饰材料与施工工艺［M］．合肥：合肥工业大学出版社，2019.

[8] 焦营营，张运楚，邵新．智慧工地与绿色施工技术［M］．徐州：中国矿业大学出版社，2019.

[9] 严晗．高海拔地区建筑工程施工技术指南［M］．北京：中国铁道出版社有限公司，2019.

[10] 郭二莹，姜华，孙熙阳．建筑英语［M］．北京：北京理工大学出版社，2019.

[11] 沈艳忱，梅宇靖．绿色建筑施工管理与应用［M］．长春：吉林科学技术出版社，2018.

[12] 姚建顺，毛建光，王云江．绿色建筑［M］．北京：中国建材工业出版社，2018.

[13] 张永平，张朝春．建筑与装饰施工工艺［M］．北京：北京理工大学出版社，2018.

[14] 李新航，毛建光．建筑工程［M］．北京：中国建材工业出版社，2018.

[15] 李通．建筑设备［M］．北京：北京理工大学出版社，2018.

［16］罗蒙．绿色医院节能实用手册［M］．上海：上海交通大学出版社，2018.
［17］贺丽洁．绿色设计经典作品 100 例［M］．天津：天津科学技术出版社，2018.
［18］杨文领．建筑工程绿色监理［M］．杭州：浙江大学出版社，2017.
［19］海晓凤．绿色建筑工程管理现状及对策分析［M］．长春：东北师范大学出版社，2017.
［20］刘冰．绿色建筑理念下建筑工程管理研究［M］．成都：电子科技大学出版社，2017.
［21］倪欣．西北地区绿色生态建筑关键技术及应用模式［M］．西安：西安交通大学出版社，2017.
［22］彭靖．BIM 技术在建筑施工管理中的应用研究［M］．长春：东北师范大学出版社，2017.
［23］孔清华．建筑桩基的绿色创新技术［M］．上海：同济大学出版社，2017.
［24］王文玺．建筑安全标准化及绿色施工图集［M］．北京：中国计划出版社，2016.
［25］武新杰，李虎．建筑施工技术［M］．重庆：重庆大学出版社，2016.
［26］肖玉锋．建筑施工技术［M］．北京：金盾出版社，2016.
［27］石元印，邓富强，王泽云．建筑施工技术［M］．重庆：重庆大学出版社，2016.
［28］陆鼎铭．绿色施工方案的编制与评价体系［M］．南京：河海大学出版社，2016.
［29］杨洪兴，姜希猛．绿色建筑发展与可再生能源应用［M］．北京：中国铁道出版社，2016.